Industrial Network Technology and Application

工业网络技术与应用

主　编　律德财　吴　艳

副主编　杨　娇　薛明姬

主　审　郑　文

U0244107

大连理工大学出版社

图书在版编目(CIP)数据

工业网络技术与应用 / 律德财,吴艳主编. -- 大连:
大连理工大学出版社,2022.1(2023.3重印)
ISBN 978-7-5685-3292-1

Ⅰ. ①工… Ⅱ. ①律… ②吴… Ⅲ. ①工业控制计算
机－计算机网络 Ⅳ. ①TP273

中国版本图书馆 CIP 数据核字(2021)第 266490 号

工业网络技术与应用
GONGYE WANGLUO JISHU YU YINGYONG

大连理工大学出版社出版
地址:大连市软件园路 80 号 邮政编码:116023
发行:0411-84708842 邮购:0411-84708943 传真:0411-84701466
E-mail:dutp@dutp.cn URL:http://dutp.dlut.edu.cn
辽宁新华印务有限公司印刷 大连理工大学出版社发行

幅面尺寸:185mm×260mm 印张:13.5 字数:312 千字
2022 年 1 月第 1 版 2023 年 3 月第 2 次印刷

责任编辑:王晓历 责任校对:常 皓
封面设计:对岸书影

ISBN 978-7-5685-3292-1 定 价:45.00 元

前言 ▶ Preface

工业以太网是在技术上与商用以太网相兼容,在产品设计上,通过对材质、强度、标准协议等的考虑,以满足工业现场适用性、实时性、稳定性、安全性、可操作性等方面的需求的工业通信网络。

近年来,随着工业自动化、智能化发展趋势的日渐显露,以 PLC、工业软件、工业机器人等为代表的工业设备产业市场得到了迅速壮大。为了将这些设备构成一个完整的自动化、智能化解决方案,亟须一个网络来对各组成部分进行串联。网络就是控制的理念已经越来越被用户所接受。因此,在工厂设备、系统集成以及工业物联网的需求驱动下,工业以太网迎来了发展和增长。

工业以太网的市场发展速度正在逐年提高。工业以太网技术直接应用于工业现场设备之间的通信已成大势所趋,国际电工委员会等组织已经起草了相关的以太网标准,意在推动以太网技术在工业控制领域的全面应用。

众所周知,西门子公司在工厂自动化领域具有卓越的领导者地位,西门子工业网络更是以其独特的技术魅力获得了行业的认可。从 PROFIBUS 现场总线到 PROFINET 技术,西门子网络技术已经在工业中得到了广泛的应用。

本教材以工业网络技术为基础,从基本概念介绍入手,以工业项目为主线,模块化介绍网络设备数据传输的管理与维护:交换机的管理与维护、路由器的管理与维护、无线网络以及网络安全等,使读者真正领悟工业网络的应用。

本教材利用通俗易懂的语言,由浅入深、循序渐进地描述抽象的工业网络知识,利用项目案例真实再现工业网络的应用,使读者可以直观、迅速地了解并掌握工业网络的项目设计、管理与维护,能够真正掌握工业网络知识,提升工程经验。

本教材在编写过程中力求突出以下特色:

(1)注重实践环节,凸显能力本位。本教材注重教学模式创新需求,对各章节的知识点有针对性地提出问题及任务,增强读者对该章知识点的理解,提高读者的实践应用能力及问题分析能力,提升读者将理论与实践有机结合的综合素养。

(2)将思政元素润物无声地引入各章节,将学知识、学技术与做人、做事相结合。这不仅可以激发学生的专业使命感和责任感,而且能够引领学生树立正确的世界观、人生观和价值观,坚定理想信念。

(3)注重培养掌握实用知识和应用技术或从事某一职业或岗位工作能力的高素质、高技能的应用型人才,力求理论简单易懂,案例经典、应用性强、适用面广。本教材采用校企合作,共同开发,以能力体系取代知识体系,凸现教育链、人才链与产业链、创新链的有机衔接,产教协同培育应用型人才。

本教材响应二十大精神，推进教育数字化，建设全民终身学习的学习型社会、学习型大国，及时丰富和更新了数字化微课资源，以二维码形式融合纸质教材，使得教材更具及时性、内容的丰富性和环境的可交互性等特征，使读者学习时更轻松、更有趣味，促进了碎片化学习，提高了学习效果和效率。

本教材由辽宁科技学院律德财、吴艳任主编；由辽宁科技学院杨娇、辽宁机电职业技术学院薛明姬任副主编。具体编写分工如下：第1章、第2章、第3章由律德财编写；第4章、第5章、第6章由吴艳编写；第7章由薛明姬编写；第8章由杨娇编写。全书由律德财、吴艳统稿并定稿。西门子（中国）有限公司郑文审阅了书稿，并提出了大量宝贵的意见，在此仅致谢忱。

在编写本教材的过程中，编者参考、引用和改编了国内外出版物中的相关资料以及网络资源，在此表示深深的谢意！相关著作权人看到本教材后，请与出版社联系，出版社将按照相关法律的规定支付稿酬。

本教材以西门子最新的网路设备为基础进行编写，在编写过程中难免有不妥之处，欢迎各位读者批评指正。

编　者

2022 年 1 月

所有意见和建议请发往：dutpbk@163.com

欢迎访问高教数字化服务平台：http://hep. dutpbook.com

联系电话：0411-84708445　84708462

目录 ▶ Contents

第 1 章

绪 论

随着社会的发展、科技的进步,工业自动化在工业制造领域逐步占据了制高点。所谓的工业自动化技术,实际上就是一种运用控制理论、仪器仪表、计算机、网络等相关的信息技术,对工业生产过程实现检测、控制、调度、决策、管理和优化。工业自动化技术的发展对企业生产过程起到了促进作用,其具体表现如下:

(1)工业自动化技术提高了生产过程中的安全性。

(2)工业自动化技术提高了生产的效率。

(3)工业自动化技术提高了产品的质量。

(4)工业自动化技术减少了生产过程中原材料、能源等的损耗。

(5)工业自动化技术降低了生产的成本。

随着控制、计算机、通信、网络等技术的飞速发展,信息的交互、共享迅速覆盖了工厂的现场设备层、控制层、管理层等各个环节。目前,我国的工业控制自动化技术正在向集成化、网络化和智能化方向发展。在未来,工业自动化控制将继续向标准化、网络化、智能化和开放性方向发展。

1.1 工业自动化技术演进与工业通信网络

自动化与工业控制系统通常被简称为 ICS(Industrial Control Systems),在 ISA-99/IEC 62443 标准中,工业控制系统指的是能够对工业过程的安全性、可靠性造成影响的集合,其通常具有以下四个功能:

(1)测量——获取传感器数据,将其直接显示或者作为下一处理阶段的输入。

（2）比较——以预先设定的阈值作为参考，将获取的传感器数据与其进行比较。

（3）计算——计算历史误差、当前误差以及后续误差。

（4）矫正——针对测量、比较以及计算的结果对自动化过程进行调整。

在现代工业控制系统中，所有这些功能均是由各种传感器、控制器、执行器以及各种具有具体功能的子系统构成的具有复杂结构的控制网络完成的。工业控制系统以基本技术为基础，结合现代化科学技术不断的变革，其主要发展方向有三个：现场总线控制系统、基于 PC 的工业控制系统以及管控一体化集成系统。

1.1.1 现场总线控制系统

由于科学技术的发展，计算机控制系统在经历了基地式气动仪表控制系统（Base Type Pneumatic Instrument Control System，BTPICS）、电动单元组合式模拟仪表控制系统（Electric Unit Combined Analog Instrument Control System，EUCAICS）、集中式数字控制系统（Centralized Digital Control System，CDCS）以及集散控制系统（Distributed Control System，DCS）后，将朝着现场总线控制系统（Fieldbus Control System，FCS）的方向发展。现场总线控制系统也被称为现场底层设备控制网络，是连接现场智能设备和自动化控制设备的双向串行、数字式、多节点通信网络。随着技术的成熟，现场总线控制系统将逐步与分布式控制系统相融合，并最后取而代之，在工业现场充分发挥其在处理开关量方面的优势。

以现场总线为基础的 FCS 结合 DCS、工业以太网、先进控制等新技术逐步显现出其强大的生命力，迅速发展起来。产业以太网以及现场总线技术作为一种灵活、方便、可靠的数据传输方式，在产业现场得到了越来越多的应用，并将在控制领域中占有更加重要的地位。

1.1.2 基于 PC 的工业控制系统

工业 PC 自 20 世纪 90 年代初进入工业自动化，其具有丰富的硬件资源、软件资源和人力资源，得到了广大工程技术人员的支持，后期逐步深入其他各个领域，并获得了广泛的应用。由于 PC 具有一定的开放性，因此基于 PC（包括嵌入式 PC）的工业控制系统，以每年 20％以上的速率增长，使基于 PC 的工业控制技术逐渐成为 21 世纪初的主流技术之一。

此外，工业 PC 成为工业控制自动化主流的另一个重要的原因是其成本较为低廉。在传统自动化系统中，PLC 和 DCS 基本垄断了基础自动化部分，过程自动化和管理自动化部分主要由各种高端过程计算机或小型机组成，其硬件、系统软件和应用软件的价格较为昂贵。因此，在企业发展的初创期，成本是重要的考虑因素，同时，实验表明基于工业 PC 的控制器与 PLC 一样具有很高的可靠性，且具有易于被操作、易于安装和使用以及可实现高级诊断功能等特点，为系统集成商提供了更灵活的选择。

1.1.3 管控一体化集成系统

随着 Internet 技术逐步渗透到工业控制领域，控制系统与管理系统的结合成为必然，这也为管控一体化、工业企业信息化以及基于网络的工业自动化提供了技术支持。企业选择管控一体化提高了企业的生产效率,增强了市场竞争能力。因此,工业控制技术发展新方向是通过以太网和 Web 技术实现开放型、分布式智能系统,基于以太网和 TCP/IP 协议的技术标准,提供模块化、分布式、可重用的工业控制方案。其最主要的方面就是发展基于网络的工程化工业控制与管理软件。

建设管控一体化系统,主要包括多种系统的集成和多种技术的集成。多种系统集成主要包含三种集成模型:

(1)现场总线控制系统 FCS 与 DCS 的集成,即 FCS 实现基本的测控回路,DCS 作为高一层的管理协调者实现复杂的先进控制和优化功能。

(2)现场总线控制系统 FCS、DCS 与 PLC 的集成,即逻辑联锁比较复杂的场合使用 PLC,FCS 实现基本的测控回路,DCS 作为高一层的管理协调者,实现复杂的先进控制和优化功能。

(3)现场总线控制系统 FCS 是多种设备的集成,解决不同通信协议的转换问题,重点研究不同现场总线设备的互操作性和统一的组态、监控和软件,以不影响各个独立系统的功能和性能为前提,实现系统的无缝集成。其次是管理网络与控制网络的集成,主要包括参数检测、实时数据库、历史数据库、数据发布、数据挖掘、模型计算、偏差分析、过程仿真、配方设计、运行优化和故障诊断等,通过在 Internet/Web 应用网络环境上建立各类数据库,真正实现管控一体化。

在多种技术集成方面,主要包括设备互操作技术、通用数据交换技术、EtherNET 和工业以太网技术等多种技术的集成。其中通用数据交换技术主要包括动态数据交换技术(Dynamic Data Exchange,DDE)、网络动态交换技术(Net Dynamic Data Exchange,NDDE)、开放数据库互联技术(Open Database Connectivity,ODC)、组件对象模型(Component Object Model,COM)以及基于 OLE 的过程控制技术(OLE for Process Control,OPC)。EtherNET 与 TCP/IP 技术可以直接在企业信息网络内传输和共享工业现场的各个控制参数和各网络节点的状态,从而避免出现 PLC、DCS 和 FCS 存在多种协议而难以集成的问题。

1.2 工业网络技术

1. 层次及功能

从企业综合自动化控制系统的角度看,工业控制网络从底层向上可划分为现场设备网、过程控制(监控)网、管理信息网等几个层次,其具体功能如下:

(1)现场设备网

对于传统的控制设备而言,现场设备网就是人们常说的现场总线,是系统控制器与现场输入、输出设备或者器件之间信息交换的通道。工业现场的设备是以网络节点的形式挂接在网络上,以实现控制器与现场设备以及现场设备之间的信息传输。为保证现场信息传输的高效、可靠,要求现场设备网必须具有高可靠性、高容错性、高安全性、低时延等特点。

常规的现场总线参照 ISO/OSI 模型进行设计,并为满足个性化需求进行简化。一般的现场总线包括三层:物理层、数据链路层和应用层,也有一些现场总线在应用层之上增加了用户层,以满足特定用户信息的交换和传递的需求。

(2)过程控制(监控)网

过程控制网也叫过程监控网,是指用于连接控制室设备(如控制器、监视计算机、记录仪表等)的网络。过程控制网上的设备从现场设备中获取实时数据,完成各种运算、参数监测、警情分析、趋势分析、历史记录、过程报表等功能,另外还包括控制组态的设计和下装。

过程控制网对数据传输的实时性与现场设备网不同,要求不是很高,但对于网络带宽、可靠性、网络可用性有着较高的要求。20 世纪 80 年代,过程控制网一般采用 IEEE 802.4 的令牌网,到了 90 年代末期,工业以太网成为主流。

(3)管理信息网

管理信息网主要包括企业内部的局域网(Intranet)和互联网(Internet),其主要目的是在分布式网络环境下构建一个安全的网络系统。因此为保证网络安全,其采用了必要的安全技术,主要包括防火墙、用户身份认证以及密钥管理等。在网络安全方面,工业以太网具有较大优势,兼容 TCP/IP,可以无缝连接 Internet,同时又不影响实时数据的传送,因此,整个控制网络可以采用统一的协议标准。

管理信息网主要是接收来自过程控制网的信息,将其转入管理层的数据库中,企业管理层可依据这些数据进行计划、排产、在线贸易等操作,也可供远程用户通过互联网了解控制系统的运行状态以及现场设备的工况,对生产过程进行实时的远程监控。

在整个工业通信网络模型中,网络模型的基础和核心是现场设备层,只有确保总线设备之间可靠、准确、完整的数据传输,才能为上层网络提供可靠的信息,实现有效的监控功能。为了确保信息传输的及时、可靠,工业控制网络对通信确定性、实时性、可靠性与可用性有着明确的规定和技术支撑,同时对过程控制网还提供了多项安全举措。用于工业自动化系统的网络通信技术来源于 IT 信息技术的计算机网络技术,但是又与一般的计算机网络通信有所不同,这是因为 IT 网络通信是以传递信息为最终目的,而工业控制网络传递信息则以引起物质或能量的运动为最终目标。

2.性能指标

工业控制网络与商业网络通信技术有着很大的不同,其性能指标主要包括实时性、确定性、可靠性和可用性。

(1)实时性

系统的实时性(Real Time)是指要求系统必须在一个较短的时间内完成对给定任务的处理。实时性就是要求工业网络系统必须"快"。对于工业自动化系统来说,应用环境

不同,对实时性的要求也不同,因此根据对实时性的要求可将系统划分为三个范围:

①对于信息集成以及对过程自动化要求低的应用环境来说,实时响应时间要求为 100 ms 或更长。

②绝大多数的工厂自动化应用环境,对实时响应时间的要求为 5～10 ms。

③对于高性能的同步运动控制应用场合,特别是在 100 个节点下的伺服运动控制应用场合,实时响应时间要求低于 1 ms。

工业控制网络的实时性还规定了许多相关的技术指标,如交付时间、吞吐量、时间同步、时间同步精度以及冗余恢复时间等参数,用户在有需求的情况下,可以参见 IEC 61784-1-2010、IEC 61784-2-2010 等国际标准。

(2)确定性

工业控制网络的确定性用来描述系统可预测的响应时间和时延,即网络中任意两个节点间的通信。从信息发送到信息接收之间全部延迟的最大时间是确定的,主要表现为任务的实现(如功能块的执行)在时间上最大值是可预测的,并小于阈值。传统以太网采用的是 CSMA/CD 介质访问方式,使得响应时间存在着不确定性,而现在的以太网采用的是全双工交换方式,大大改善了传统以太网的响应时间不确定性,但是在某些高速控制系统中,特别是针对运动控制系统,全双工交换式以太网的确定性有些不尽如人意。

(3)可靠性

工业控制网络的可靠性是指网络系统在一定时间内、一定条件下,无故障地执行指定功能的能力或可能性。工业控制网络的可靠性和实时性是相互制约的,如果信息传输的可靠性降低,则接收到的信息错误的可能性较大,势必造成信息的多次重传,而接收节点可能无法及时地获取正确信息,因此造成系统的实时性无法得到保证。另外,通常情况下,工业现场环境较为恶劣,噪声干扰较为严重,大大降低了网络的可靠性,这就要求工业控制网络要有合适的抗干扰措施、差错控制等技术,以便降低传输错误,保证系统的可靠传输。

(4)可用性

工业控制网络的可用性是指在规定的条件下、规定的时刻或时间区间内处于可执行规定功能状态的能力。它是产品可靠性、维修性和维修保障性的综合反映。与普通商用网络中传输的数据不同,在工业控制网络中,需要传输的信息主要分为三大类:

①突发性实时信息。如报警信息、控制器之间的互锁信息等不确定性的即发数据。

②周期性实时信息、周期性采样信息。如工业现场中的过程数据要求每个周期进行实时采样,并传输到控制器,由控制器计算出相应的输出控制数据,这些数据必须在每个周期实时发送到相应的控制器。

③非实时信息。如用户编程数据、组态数据、部分系统状态监视数据等。非实时数据对时间的要求不是很严格,允许有相对较长的延迟。

3.工业以太网的特性

在保证网络正常工作的同时,工业网络必须对以上三种不同的信息做出不同的处理。早期的工业控制系统采用具有确定性通信协议的令牌网络以满足通信需求,直到 20 世纪末至 21 世纪初,随着在信息领域的广泛应用,以太网逐渐被引入工业自动化控制系统中。随着技术的不断发展,现场总线的出现使工业控制系统向分散化、网络化和智能化发展的方向,并且促使自动化仪表、在线计费系统(Online Charging System,OCS)和 PLC 等产品的体系结构和功能结构产生了重大变革,促使工业自动化领域不断更新与发展。当然现场总线技术在其发展过程中也存在着一些不足,具体表现如下:

(1)现有的现场总线标准过多,较为烦琐。

(2)不同总线之间不能兼容,不能很好地实现信息透明互访,更是无法实现信息的无缝集成。

(3)现场总线是专用的实时通信网络,成本较高。

(4)现场总线的速度较低,支持的应用较为有限,不便于和 Internet 信息集成。

以太网(Ethernet)具有成本低、稳定性好、可靠性高、应用广泛、共享资源丰富等优点。以以太网为代表的通信技术发展得非常迅速,得到了全球的技术和产品支持,因此以太网成为最受欢迎的通信网络之一。近年来,以太网不仅垄断了办公自动化领域的网络通信,而且在工业控制领域管理层和控制层等中、上层的网络通信中,工业现场设备间通信也得到了广泛应用。

从技术层面来看,与现场总线相比,以太网具有以下优势:

(1)应用广泛。以太网是应用最为广泛的计算机网络技术,具有很好的发展前景。

(2)成本低廉。以太网的应用广泛,受到了硬件开发、生产厂商的高度重视与广泛支持,可供用户选择的硬件种类繁多,硬件价格也相对低廉。以太网网卡的价格只是 PROFIBUS、FF 等现场总线的十分之一,而且随着集成电路技术的发展,其价格还会进一步降低。

(3)通信速率高。以太网的通信速率有 10 Mbit/s、100 Mbit/s、1 000 Mbit/s 三种,速率为 10 Gbit/s 的以太网技术也逐步成熟起来,其速率比现场总线快得多。以太网可以满足对带宽有更高要求的需要。

(4)控制算法简单。以太网的访问控制算法很简单,它不需要管理网络上当前的优先权访问级(而令牌环和令牌总线系统都存在这个问题)。

(5)软硬件资源丰富。以太网已发展、应用多年,用户在对以太网的设计、应用等方面积累了很多经验,对其技术也十分熟悉。大量的软件资源和设计经验可以显著降低系统的开发和培训费用,从而可以显著降低系统的整体成本,并大大加快系统的开发和推广速度。

(6)不需要中央控制站。传统的令牌环网采用"动态监控"的技术,需要有一个中央控制站负责管理网络的各种事务。而以太网不需要中央控制站,也不需要动态监测。

(7)可持续发展潜力大。以太网的广泛应用,使它的发展一直受到广泛的重视。在信息瞬息万变的时代,企业的生存与发展将很大程度上依赖于一个快速而有效的通信管理网络,信息技术与通信技术的发展将更加迅速,也更加成熟,由此为以太网技术的持续发展提供了平台。

(8)易于与 Internet 连接。以太网可以实现办公自动化网络与工业控制网络的信息无缝集成,避免其发展游离于计算机网络技术的发展主流之外,从而使工业控制网络与信息网络技术互相融合、相互促进、协同发展,同时在技术升级方面无须单独的研究投入。

通常情况下,人们习惯将用于工业控制系统的以太网统称为工业以太网。但是,如果按照国际电工委员会 SC65C 的定义,工业以太网是用于工业自动化环境、符合 IEEE 802.3 标准、按照 IEEE 802.lD"媒体访问控制(MAC)网桥"规范和 IEEE 802.1Q"局域网虚拟网桥"规范,对其没有进行任何实时扩展而实现的。

工业以太网协议在本质上仍然是基于以太网技术,在物理层和数据链路层均采用了 IEEE 802.3 标准,在网络层和传输层则采用被称为以太网"事实上的标准"的 TCP/IP 协议簇(包括 UDP、TCP、IP、ARP、ICMP、IGMP 等协议),它们构成了工业以太网的低四层。在高层协议上,工业以太网协议省略了会话层、表示层,而定义了应用层,有的工业以太网协议还定义了用户层(如高速以太网 High Speed Ethernet,HSE)。与以太网相比,工业以太网的物理层与数据链路层采用的是 IEEE 802.3 规范,网络层和传输层采用的是 TCP/IP 协议组,应用层采用简单邮件传送协议 SMTP、简单网络管理协议 SNMP、域名服务 DNS、文件传输协议 FTP、超文本链接 HTTP 等应用协议。其基本结构如图 1-1 所示。

OSI 参考模型

应用层	应用协议
表示层	
会话层	
传输层	TCP/UDP
网络层	IP
数据链路层	以太网 MAC
物理层	以太网物理层

图 1-1　OSI 互联参考模型与工业以太网分层对照

与普通以太网相比,工业以太网具有以下特征:

(1)通信实时性

在工业以太网中,提高通信实时性的措施主要包括采用交换式集线器、使用全双工 (Full Duplex)通信模式、采用虚拟局域网(VLAN)技术、提高质量服务(QoS)、有效应用任务的调度等。具体如下:

首先,工业以太网的网络拓扑结构采用星型网络拓扑结构代替原来的总线型网络拓扑结构。星型网络拓扑结构连接用路由器等设备将网络分割成若干个网段,在每个网段上以一个多口交换机为中心,将若干个设备或者节点连接起来,这样挂接在同一网段上的所有设备形成一个冲突域。每个冲突域均采用 CSMA/CD 机制来管理网络冲突。这种网络结构可以减轻每个冲突域的网络负荷、减小碰撞概率。

其次,使用以太网交换技术和虚拟局域网技术,将网络冲突域进一步细化。用智能交换设备代替共享式集线器,使交换设备各端口之间形成多个数据通道,避免了广播风暴,同时大大降低网络的信息流量。

最后,采用全双工通信技术,使设备端口间的两对双绞线不再受到 CSMA/CD 的约束,可以实现同时接收和发送报文帧。这样网络中的任一通信节点在发送信息报文帧时不会再发生碰撞,冲突域也不复存在。

总之,通过采用星型网络拓扑结构和以太网交换技术,可以大大减少或者完全避免碰撞,从而使以太网通信的确定性和实时性大大增强,并为以太网技术应用于工业现场控制提供技术支撑。

(2)环境适应性和安全性

由于工业现场的震动、粉尘、高温、低温、高湿度等恶劣环境,对设备的可靠性提出了更高的要求。为此,工业以太网产品为符合工业环境的要求,针对机械环境、气候环境、电磁环境等需求,对线缆、接口、屏蔽等方面进行针对性的设计。在信息安全方面,利用网关构建系统的有效屏障,对经过它的数据包进行过滤。同时随着加密解密技术的不断完善,工业以太网的信息安全性也得到了进一步的保障。

(3)工业控制网络的高可靠性

工业控制网络的高可靠性通常包含三个方面的内容:

①网络可使用性好,自身不易发生故障,同时利用差错控制技术提高网络传输质量。

②利用冗余技术,使网络容错能力增强,具备良好的自我修复能力。如现场设备或网络局部链路出现故障,网络系统能在很短的时间内重新建立新的网络链路。

③可维护性高,故障发生后能及时发现和及时处理,通过维修使网络及时恢复。

1.2.1　现场总线技术

现场总线控制技术(Fieldbus Control System,FCS)是指一种数字化、串行、双向、多站的通信网络技术,该技术将安装在工业过程现场的智能自动化仪表和装置与安装在控制室中的仪表和控制设备连接起来。基于这种总线的新一代控制系统有两个突出的特点:一是开放性,与 OCS 相比较,它突破了专用通信网络的局限,采用基于公开化、标准化的解决方案,克服了封闭系统所产生的不足;二是分散性,把控制功能彻底下放到现场,将集中与分散相结合的集散系统变成了新型全分布式结构。

现场总线技术将专用微处理器置入传统的测量控制仪表中,使这些设备拥有数字计算和数字通信能力,采用可进行简单连接的双绞线等作为总线,把多个测量、控制仪表连接成网络系统,并依据公开、规范的通信协议,在位于现场的多个微机化测量控制设备之间以及现场仪表与远程监控计算机之间,实现数据的传输与信息的交换,形成各种适应实际需要的自动控制系统。简而言之,就是把单个分散的测量、控制设备变成网络节点,以现场总线为纽带,把它们连接成可以相互沟通信息、共同完成自控任务的网络系统与控制系统。正如众多分散的计算机被网络连接在一起,形成庞大的通信网络一样,现场总线把自控系统与设备连接成网络系统,使它们具有了通信能力,加入信息网络的行列。传统的分布式控制系统(Distributed Control System,DCS)的体系结构和现场总线控制系统(FCS)的体系结构如图 1-2 所示。

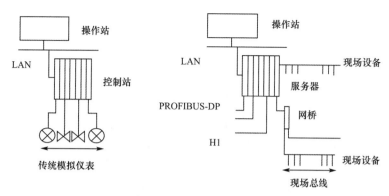

图 1-2 DCS 和 FCS 的体系结构

1.2.2 工业局域网技术

工业局域网具有一般计算机局域网的特点,同时由于工业现场的环境特点以及控制的要求,它又具有自身的特点。例如,对于实时性、抗干扰性等工业局域网有很高的要求。现场总线技术的出现是工业局域网发展过程中的一次飞跃,随着现场总线技术的快速发展,工业局域网呈现出各种各样的形式。一般根据通信协议的不同来划分,常见的有485、CAN、232、422。485 容量较小,较为常见的是 32 个地址,分主、从,通信距离在 1 200 米以内(普通双绞线);CAN 容量为 128 个地址,不分主、从,通信距离大约为 3 000 米;232主要是点对点通信,2 个地址,通信距离一般在 15 米以内;422 也是点对点通信,其通信距离理论上为 100 米以内。

针对各种具体的工业现场,现场总线的连接方式以及控制方法有很大的不同,在选用总线时,用户需要对它们的性能有所了解,介质访问方式是其中的一个重要方面,因为介质访问方式与总线的性能紧密联系在一起。此外,在工业局域网中通信还需要考虑不同产品之间如何可靠连接;产品之间交换的数据是控制数据还是信息数据;网络通信过程中需要什么样的吞吐量等关键问题。总之,整个网络的搭建需要考虑传输的数据量、数据类型以及网络性能需求等问题。工业局域网的特点如下:

(1)快速实时响应。工业网络实时响应能力不仅强而且快速,响应时间一般在 0.01~0.50 s。

(2)可靠性高。一般采用校验(奇偶校验和循环冗余校验)和纠错(重发纠错、自动纠错和混合纠错)技术,提升了网络中信息传输的可靠性。

(3)环境适应能力强。即使工业生产环境恶劣,工业局域网也能很好地适应,如 DCS。

(4)开放系统互联互操作性强。工业局域网技术提高了各个仪表及设备中间的兼容性和通用性。

1.3　小　结

　　本章主要从工业自动化技术演进过程讲起,使读者对工业自动化有一个初步的了解;随着网络的出现,网络技术逐步渗透到工业控制场合,进而引出工业通信网络,并简单介绍了工业通信网络的概念以及架构;接着详细介绍了工业网络技术,重点介绍了现场总线技术的概念、特色以及优点;最后介绍了工业局域网的相关技术。

练习题

　　1.工业控制系统的主要功能一般包括(　　)、(　　)、(　　)和(　　)。

　　2.工业控制网络与商业网络通信技术有着很大的不同,其性能指标主要包括(　　)、(　　)、(　　)和(　　)。

　　3.现场总线的出现为工业控制系统向(　　)、(　　)和(　　)方向发展提供了技术支持。

　　4.从技术层面来看,以太网与现场总线相比,其优势表现在哪些方面?

　　5.与商用以太网相比,工业以太网的特征有哪些?

第 2 章

以太网技术基础

以太网以 IEEE 802.3 为技术标准,提供了一个无缝集成到新的多媒体世界的途径。以太网具有高可靠、高性能和互操作性等优点,其自身这些特点使其不但已经进入办公领域,而且也渗透到了生产和过程自动化中,成为自动化和控制系统的首选通信协议。

2.1 以太网技术基础概述

以太网(Ethernet)是一种较为普遍的计算机局域网组网技术规范。它基于 IEEE 制定的 IEEE 802.3 标准,规定了包括物理层的连线、电信号和介质访问层协议等内容,并在很大程度上取代了其他局域网标准(如令牌环、FDDI 和 ARCNET)。最初的以太网以 2.94 Mbit/s 速率进行信息传输,历经 10 Mbit/s、100 Mbit/s 后,千兆以太网甚至 10 G 以太网正在迅速崛起,并渗透到各个行业。以太网的工作方式主要包括:

- 半双工:数据可以沿两个方向传送,但是在同一时刻只允许一个方向传送数据。
- 全双工:数据可以沿两个方向传送,在同一时刻也可以双向传送数据。

以太网的标准网络拓扑结构为总线型,但由于总线型网络拓扑结构在信息传输过程中容易产生冲突,信道的利用率较低,网络速度不是很快。因此,通过使用交换机来进行网络连接和组织,形成以太网的星形网络拓扑结构;但在逻辑上,以太网仍然使用总线型拓扑和载波多重访问/碰撞侦测(Carrier Sense Multiple Access/Collision Detection, CSMA/CD)的总线技术。以太网网络中可多个节点发送信息,每个节点在获取电缆或者信道后可以进行信息的传送,每一个节点都有全球唯一的 48 位地址(制造商分配给网卡的 MAC 地址),以保证以太网上所有节点能互相识别。以太网在同一时刻只能有一个站点发送数据,存在多个终端,即多路访问。常将多路访问技术分为随机接入技术、轮流技术和信道划分技术。其中 CSMA/CD 是一种随机接入多路访问技术。

　　CSMA/CD 的工作原理一般总结为先听后发,边发边听,冲突停发,随机延迟后重发。其工作流程如图 2-1 所示。

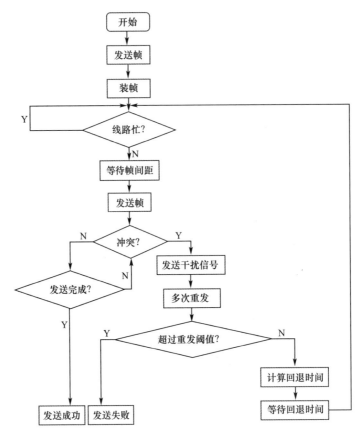

图 2-1　CSMA/CD 的工作流程

　　工业以太网技术源自以太网技术,但和普通的以太网技术又存在着很大的差异和区别。工业以太网技术结合工业生产安全性和稳定性方面的需求,增加了相应的控制应用功能,同时提高了自适应性。工业以太网技术在实际应用中,能够满足工业生产高效性、智能性、稳定性、实时性、经济性、扩展性等多方面的需求,真正的延伸到实际企业生产过程中现场设备的控制层面,在企业工业生产过程中实现了全方位的控制与管理。

　　在企业生产过程中,工业以太网技术的应用优势突出,具体表现如下:

　　(1)工业以太网技术应用范围广泛。以太网技术本身作为重要的基础性计算机网络技术,能够兼容多种不同的编程语言。例如,常见的 JAVA、C++等编程语言都支持以太网方面的应用开发。

　　(2)工业以太网技术应用经济性较好。与传统工业生产当中现场总线的网卡相比,以太网的网卡在成本方面具有明显优势。而且以太网技术已经十分成熟,在具体技术开发方面,有着很多可复用的资源和设计案例,这也进一步降低了系统的开发和推广成本,同时也让后续的工作变得更加有效率。总而言之,工业以太网具有经济性好、成本低廉、应用效率高、建设周期短等优点。

(3)工业以太网技术通信速率较高。相对现场总线来说,工业以太网的通信速率较高。此外,以太网技术本身的网络负载方面有着明显的优势,这也让整个通信过程的实时性需求得到了更好地满足。良好的通信速率标准,可以进一步降低网络负荷,减少网络传输延时,从而最大限度地规避了碰撞的发生,为工业生产的安全性与可靠性提供保障。

(4)工业以太网技术共享能力较好。随着当前网络技术的不断发展,整个互联网体系变得更加成熟,任何一个接入网络中的计算机,都可以实现对工业控制现场相关数据的浏览和调用,这是实现现代化工业生产管理重要的基础性依据。

(5)工业以太网技术发展空间较大。通过工业以太网技术的应用,整个工业网络控制系统发展空间更加广阔。随着人工智能、物联网等相关技术的发展,网络通信质量和效率标准会越来越高,因此工业以太网技术为未来更多的新型通信技术、协议提供了可靠的平台。

2.1.1　物理层

网络物理层是指计算机与计算机之间通信的第一层。该层中定义了为建立、维护和拆除物理链路所需要的机械的、电气的、功能的和规程的特性,其作用是使原始的数据比特流能在物理媒体上传输。网络物理层要解决的主要问题如下:

(1)物理层要尽可能地屏蔽掉物理设备、传输媒体、通信手段的不同,使数据链路层感觉不到这些差异,只需要考虑完成本层的协议和服务。

(2)物理层需要解决物理连接的建立、维持和释放等问题,为其服务对象——数据链路层实现在一条物理的传输媒体上传送和接收比特流的能力。

(3)物理层需要为数据端设备提供传送数据通路、传输数据。

此外,工业应用的以太网物理层还需要满足以下几点:

1.功耗和高温工作环境

工业应用中的以太网互联设备通常封装在 IP66/IP67 密封外壳中。使用这些密封外壳后,由于外壳的导热能力下降,以太网物理层设备面临的主要挑战有两个:功耗和高温工作环境。因此部署工业以太网时,需要使用耐高温且功耗极低的以太网物理层设备。

典型的工业以太网网络采用线性和环形拓扑结构进行部署。与星形网络相比,连接至线性或环形网络的每个设备都需要两个以太网端口,以便沿网络传递以太网帧。在这些网络结构中每个互联设备都有两个物理层,因此以太网物理层功耗对总功耗有着重大的影响,而低功耗物理层可以为设备中的 FPGA/处理器和以太网交换机提供更多的可用功耗预算。

2.EMC/ESD 稳健性

工业以太网工作的环境中存在生产设备噪声,会产生高压瞬变;设备安装、操作人员可能带来静电放电;工业网络的电缆铺设路径需要长达 100 多米等诸多不利的条件。因此,稳健、可靠的物理层技术对于工业以太网的成功部署至关重要。通过 IEC 和 EN 标准测试的物理层设备可显著降低新产品开发成本和风险。IEC 和 EN 标准如下：

(1)IEC 61000-4-5 浪涌。

(2)IEC 61000-4-4 电快速瞬变脉冲群(EFT)。

(3)IEC 61000-4-2 ESD。

(4)IEC 61000-4-6 射频场感应的传导抗扰度。

(5)EN 55032 电磁辐射骚扰。

(6)EN 55032 传导骚扰。

3.以太网物理层延迟

以太网考虑更多的是实时性,这对进行精确的运动控制是非常重要的,因此物理层延迟是重要的设计规范之一,它是整个工业以太网网络周期时间的关键部分。网络周期时间是控制器收集和更新所有器件的数据所需要的通信时间。降低网络周期时间可在时限通信中实现更高的应用性能。低延迟以太网物理层有助于最大限度地减少网络周期时间,允许更多器件连接到网络。

4.以太网物理层数据速率可扩展性

工业应用是一个复杂的环境,因此工业以太网物理层设备采用不同的数据传输速率(如 10 Mbit/s、100 Mbit/s 和 1 Gbit/s)以适应不同的需求是非常重要的。PLC 和运动控制器之间的连接需要高带宽的千兆(1 000BASE-T)TSN 以太网连接。现场级连接采用在 100 MB(100BASE-TX)物理层中运行工业以太网协议的以太网连接。对于终端节点/边缘节点连接,IEEE 802.3cg/10BASE-T1L 中有一个新的物理层标准,支持在长达 1 000 米的单根双绞线电缆上以 10 MB 带宽采用低功耗以太网物理层技术,并且可用于过程控制中的本质安全应用。

5.产品尺寸

以太网技术正逐步向工业网络边缘扩散,互联节点的尺寸会变得越来越小。以太网互联传感器/执行器的产品尺寸可以非常小,因此需要将物理层置于专为工业应用开发的小封装结构体内。事实证明,引脚间距为 0.5 mm 的 LFCSP/QFN 封装较为可靠,无须昂贵的 PCB 制造流程,而且底部裸露焊盘可用于较高的环境温度条件下,从而增加功耗。

6.产品寿命

产品寿命也是工业设备制造商关心的一个问题,设备通常要求在现场使用 15 年以上。因此产品停产意味着需要重新设计新产品,这会带来较高的成本,而且非常耗时。工业以太网物理层设备必须具有较长的产品寿命。

总之,稳健型工业以太网物理层技术可解决功耗、延迟、解决方案尺寸、105 ℃环境温度、稳健性(EMC/ESD)和较长产品寿命问题,是实现互联工厂的基础。IEEE 802.3 标准具体定义了以太网数据帧的封装格式,如图 2-2 所示。

7 字节	1 字节	6 字节	6 字节	2 字节	46～1 500 字节	4 字节
前导码	帧前定界码	目的 MAC	源 MAC	类型	数据	CRC

图 2-2　以太网数据帧的封装格式

以太网通信帧结构的工业数据封装过程如图 2-3 所示。

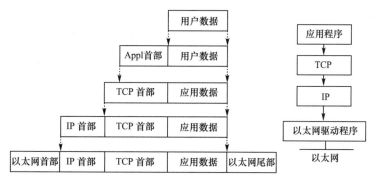

图 2-3　工业数据封装过程

工业数据封装结构如图 2-4 所示。

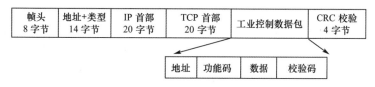

图 2-4　工业数据封装结构

2.1.2 数据链路层

数据链路层的主要工作有两个：一是把网络层送来的数据包加上下一个节点的计算机物理地址封装成数据帧，然后传给物理层；另一个是把物理层送来的比特流组装成帧，并判断该帧是否是发给本机的，如果是就去掉帧头，将数据包送给网络层，如果不是，再把数据帧变成比特流返还给物理层，通过物理层送到下一个节点。总之，数据链路层的功能是用于维护网络中节点之间数据传输的完整性，它利用循环冗余码或其他帧检查码进行差错控制，在帧中添加源地址和目的地址，把源节点和目的节点区分开来，使数据传输通道成为可靠的特性通道。

工业以太网作为当今科技发展的重要标志性技术，其实时性是一个重要指标。因此在传统的以太网基础上针对数据链路层进行了适当修改，以提高工业以太网的实时性。具体包括两个方面：

（1）通过改变帧结构、优化调度等方法来修改数据链路层之上的协议，以保证实时性，典型的协议有 Ethernet Powerlink、Profinet 和 EPA。这种方案的响应时间为 1～10 ms，一般称为硬实时工业以太网，适合工厂自动化和过程控制领域。

例如，Ethernet Powerlink 引入了时间槽通信网络管理（SCNM）算法来保证通信的实时性。SCNM 给同步数据和异步数据分配时槽，保证在同一时间只有一个设备可以占用网络，从而避免了网络冲突。在通信管理上引入了管理节点（MN）和控制节点（CN），并将通信周期分为开始阶段、同步阶段、异步阶段和空闲阶段，使得每个周期可以有对应的时间域用于传输实时数据和标准以太网数据流，既能保证数据通信的实时性，又能传输标准的以太网数据。时间槽通信网络结构如图 2-5 所示。

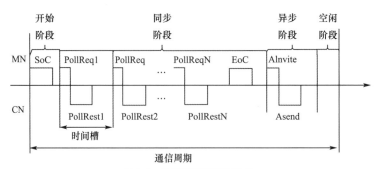

图 2-5　时间槽通信网络结构

（2）修改数据链路层协议，在实时通道内由实时 MAC 接管通信控制，避免报文冲突，简化数据处理，典型的协议有 EtherCAT、SERCOS Ⅲ、MECHATROLINK Ⅲ 等。这种方案带有精确的时钟同步，响应时间为 $250\sim1\,000\ \mu s$，抖动小于 $1\ \mu s$。它一般称为同步硬实时工业以太网，主要用于运动控制领域。

例如，EtherCAT 协议采用主从结构，主站负责发起 EtherCAT 报文帧，因为采用标准以太网的帧头和帧尾，所以主站可以使用标准以太网的物理层和数据链路层，即 PC 机的标准网口。从站需要根据地址从数据帧中提取输入数据并插入输出数据中该帧的格式，该工作是在数据链路层中由 FMMU 模块完成的，需要专门的 MAC 层芯片实现。EtherCAT 协议架构如图 2-6 所示。

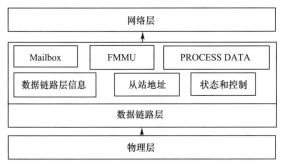

图 2-6　EtherCAT 协议架构

2.1.3　网络层

数据链路层是负责相邻节点的数据帧传输，而网络层是负责把数据传输到目的节点上。网络层相当于网络的交通警察，它的主要职责就是确保所有数据从源节点经明确、高效的路径传输到目的节点。具体的操作：一是当网络层收到传输层送来的数据后，加上数据的源节点和目的主节点的网络地址，并封装成数据包，然后送到数据链路层。二是接收数据链路层送来的数据包后，打开数据包，检测数据包的网络地址，并判断是否是自己的地址，如果是就把数据包的包头去掉，转变成传输层的数据段交给传输层；如果不是自己的地址就把数据包包好，返还给数据链路层，并确定数据该送的下一个网络节点。总之，网络层主要是检查网络拓扑结构，通过分组交换、选择路径、流量控制等手段，通过运行路由协议来决定传输报文的最佳路径,转发数据包。

IP 地址包含在 IP 分组(网络层的协议数据单元中),是指互联网协议地址,又可称为网际协议地址,IP 地址是 IP 协议提供的一种统一的地址格式,它为互联网上的每一台主机分配一个逻辑地址,以此来屏蔽物理地址的差异。IP 地址是一个 32 位的二进制无符号数,由两部分构成:网络 ID 和主机 ID;其中网络 ID 是用来在 TCP/IP 网络中标识某个网段,同一网段中的所有设备的 IP 地址具有相同的网络 ID;主机 ID 是用来标识网段内的一个 TCP/IP 节点,在同一网段内,主机 ID 必须是唯一的,主机 ID 的分配由系统管理员负责。为了识记方便,IP 地址通常被分割为 4 个"8 位二进制数"(也就是 4 个字节),采用"点分十进制"表示成(a、b、c、d)的形式,其中 a、b、c、d 均取值为 0～255 的十进制整数。如某机器分配 IP 地址为 10000000000011110000011100011111,其具体情况分析如图 2-7 所示。

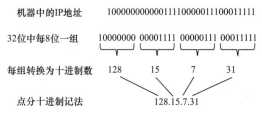

图 2-7　IP 地址的点分十进制记法

IP 协议规定 IP 地址分为五类:A、B、C、D、E 类,其中 A、B、C 三类是基本类,D、E 两类作为多播和保留使用,具体分类如图 2-8 所示。

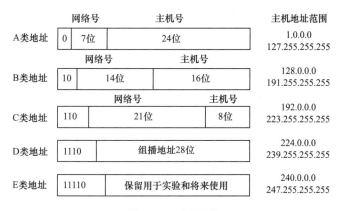

图 2-8　IP 地址分类

IP 地址中有一些特殊用途的 IP 地址,不能用来标识网络设备,其具体如下:

(1)IP 地址中的主机 ID 全为"0",则标识为一个网络,而不是指示网络上特定主机。

(2)IP 地址中的主机 ID 全为"1",则为广播地址,表示向某个网络中所有节点发送数据包。

(3)IP 地址中的网络 ID 和主机 ID 全为"0"(0.0.0.0)代表所有的主机,路由器用该地址指定默认路由。

(4)IP 地址中的网络 ID 和主机 ID 全为"1"(255.255.255.255),称为有限广播地址,表示在本网内进行广播发送,路由器并不转发这些类型的广播。

(5)IP 地址中以 127 打头的地址作为内部回送地址,不能用作公共网地址。

IP 地址中包含网络 ID 和主机 ID,如何从 32 位二进制中判断哪些位是网络 ID,哪些位是主机 ID,就需要用到子网掩码(Subnet Mask),其需要和 IP 地址按位进行逻辑"与"运算来区分网络地址和主机地址。对应 A、B、C 三类 IP 地址的子网掩码见表 2-1。

表 2-1　　　　　　　　　　对应 A、B、C 三类 IP 地址的子网掩码

地址分类	子网掩码点分十进制表示法	子网掩码 CDIR 表示法
A 类	255.0.0.0	/8
B 类	255.255.0.0	/16
C 类	255.255.255.0	/24

说明:子网掩码必须是连续个"1"。

某些基本类的 IP 地址中主机数目量过大,如果这些节点都处于一个广播域中会造成广播通信饱和,因此不可能让它们处于同一广播域。在 IP 地址设计过程中为解决该问题可以通过在某子网中借用主机号的最高几位进行子网划分,这样 IP 地址结构可分为网络 ID、子网 ID 和主机 ID。子网划分实际上就是子网掩码设计的过程,例如某公司有一个 C 类 IP 地址 193.168.12.0/27,则

子网数为 $2^3=8(27-24=3)$

主机数为 $2^5-2=32-2=30$(去掉每个子网中第一个 IP 地址和最后一个 IP 地址)

说明:为该网络进一步细化子网 8 个,每个子网中可以容纳主机数为 30。

2.1.4 传输层

传输层也称为运输层,该层依赖于网络层的虚拟电路或数据报服务,实现主机应用程序之间端到端的连通。该层的协议为网络端点主机上的进程之间提供了可靠、有效的报文传送服务。最为常见的两个协议分别是传输控制协议(Transmission Control Protocol,TCP)和用户数据报协议(User Datagram Protocol,UDP)。

传输层只存在于端开放系统中,介于低三层通信子网系统和高三层之间,是源端到目的端对数据传送进行控制的从低到高的最后一层,也是很重要的一层。传输层中一个完整的服务一般包括传输连接的建立,数据的传送(细分为一般数据传送和加速数据传送),传输连接的释放三个阶段。它主要是用来实现逻辑连接的建立、传输层寻址、数据传输、传输连接释放、流量控制、拥塞控制、多路复用和解复用、崩溃恢复等功能。

该层一方面接收会话层送来的数据,并加上端口地址、序号以及一些控制信息组装成数据段,传送给网络层。另一方面则接收网络层送来的数据,要对数据进行检测,并进行纠错,若不能进行纠错则需要通知对方重发,没有错误数据则根据数据的端口地址送到相应的应用程序端口。

传输控制协议(Transmission Control Protocol,TCP)是基于连接的协议,也就是说,在正式收发数据前,必须和对方建立可靠的连接。一个 TCP 连接必须要经过三次"对话"

才能建立起来,其中的过程非常复杂,主机 A 和主机 B 利用 TCP 协议进行通信的过程如图 2-9 所示。

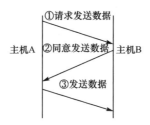

图 2-9 主机 A 和主机 B 利用 TCP 协议进行通信的过程

经过三次"对话"之后,主机 A 才向主机 B 正式发送数据。

用户数据报协议(User Data Protocol,UDP)是与 TCP 相对应的协议。它是面向非连接的协议,因通信过程中无须握手,因此速度快、消耗少,但是易丢包,UDP 较为适用于一次只传送少量数据的应用环境。比如,我们经常使用 ping 命令来测试两台主机之间 TCP/IP 通信是否正常,其实 ping 命令的原理就是向对方主机发送 UDP 数据包,然后对方主机确认收到数据包,如果数据包是否到达的消息能够及时反馈回来,那么网络就是通的。

通过比较可以看出 TCP 通信协议需要三次握手,因此速度慢、消耗多;而 UDP 不需要握手,通信效率高,而在工业以太网中一般强调实时性,因此 UDP 协议应用较为普遍。

工业以太网通过修改 TCP(UDP)/IP 协议栈,来增加实时调度以控制通信中的不确定因素。典型协议包括 Modbus/TCP、Ethernet/IP 等,这种方案的响应时间为几十毫秒,一般称为软实时工业以太网,适合 100 ms 以上实时性要求的工厂级控制领域。例如,Modbus/TCP 并未对 Modbus 本身的协议进行修改,而是将 Modbus 帧嵌入 TCP 帧中,并采用面向连接的方式,每一个请求都要求一个应答。这种请求/应答的机制与 Modbus 的主/从机制互相配合,使得交换式以太网具有很高的确定性。

2.1.5 应用层

应用层是开放系统的最高层,直接和应用程序接口并提供常见的网络应用服务,例如事务服务、文件传送服务等。其作用是在实现多个系统应用进程相互通信的同时,完成一系列业务处理所需要的服务,其服务元素分为两类:公共应用服务元素 CASE 和特定应用服务元素 SASE。CASE 提供最基本的服务,它可成为应用层中任何用户和任何服务元素的用户,主要为应用进程通信、分布系统实现提供基本的控制机制;SASE 则要满足一些特定服务,如文件传送、访问管理、作业传送、银行事务和订单输入等。应用层的软件大致分为两类:

(1)网络感知应用程序。

(2)应用层服务。

另外,应用层也向表示层发出请求。

2.2　时间敏感型网络(TSN)

在万物互联的时代,各种设备、系统间的协同越来越紧密,这就迫切需要端对端等时实时通信。尤其是在现代工厂现场中包含各种生产资料、通信设备、生产控制设备以及传感器等。各设备需要通过网络来有机连接在一起,为了提升效率,现场控制和运动都是在毫厘之间,这就要求通信和处理也必须是尽可能短,在多个动作和步骤有约束关系的情况下,相互间还有时间差的要求,传统工业通常由工业以太网、工业总线等方式与执行层设备连接。而传统工业以太网、工业总线存在标准不一、相互无法对接等弊端,在此背景下时间敏感型网络(Time Sensitive Networking,TSN)进入了人们的视野。

TSN 是由一系列技术标准构成的,主要分为时钟同步、数据流调度策略以及 TSN 网络与用户配置,是国际产业界正在积极推动的全新工业通信技术。时间敏感型网络允许周期性与非周期性数据在同一网络中传输,使得标准以太网具有确定性传输的优势,并通过厂商独立的标准化进程,已成为广泛聚焦的关键技术。TSN 是 IEEE 802.1Q 标准的VLAN。该标准在标准以太网帧中插入 4 个字节用于定义其特征。TSN 数据帧结构见表 2-2。

表 2-2　TSN 数据帧结构

7 字节	1 字节	6 字节	6 字节	4 字节	2 字节	46～1 500 字节	4 字节
前导码	帧前定界码	目的 MAC	源 MAC	802.1VLAN 标签	类型	数据	CRC

其中,TSN 标签位结构见表 2-3。

表 2-3　TSN 标签位结构

16 位	3 位	1 位	12 位
标签协议识别	优先级代码	丢弃标志位	VLAN 网络的识别号

具体意义如下:

(1)标签协议识别:网络类型识别,代表这是一个 TSN 网络,标记 0X8100。

(2)优先级代码(Priority Code Point,PCP)由 3 位代码构成。

(3)丢弃标志位:对于网络低 QoS 要求的数据,可以丢弃,以确保高优先级数据的 QoS。

(4)VLAN 网络的识别号(VLAN Identifier,VID):12 位表示可支持的子网数量为2^{12},共 4 096 个,VID=0 用于识别帧优先级,4095(FFF)作为预留值,因此 VID 最多可以表示 4 094 个子网,这也表明 TSN 是为了大型的数据传输而设计的。

当前工厂网络采用典型的两层三级架构,其中,IT 和 OT 两层网络之间通过网关实现互联和安全隔离;工厂、车间、现场三级之间的网络配置和管理策略相互独立。随着TSN+OPC UA 的推进,拉通了底层互联互通、语义转换和信息技术的发展,原有的两层三级架构将会变成模糊,变得更加扁平、高效。

TSN 的意义对于工业而言并非仅仅是实时性,而在于通过 TSN 实现了从控制到整个工厂的连接。TSN 是 IEEE 的标准,更具有"中立性",因而得到了广泛的支持。在工业领域,包括贝加莱、三菱、西门子、施耐德、罗克韦尔等主流厂商已经推出其基于 TSN 的产品。贝加莱推出新的 TSN 交换机、PLC,而三菱则采用了 TSN 技术的伺服驱动器。不久的将来 TSN 将成为工业控制现场的主流总线。

2.3   PoE

2.3.1 PoE 简介

以太网供电技术(Powerover Ethernet,PoE)是一种标准以太网布线的双重功能技术,既作为数据传输设施,又作为向远程设备供电的手段。这项技术的出现在简化安装和提升互连效率方面提供了许多优势。应用于这项技术的常用设备包括 IP 电话、安全摄影机、智能照明设备、现代智能办公设备等装置,它们都能采用 PoE 技术来完成设备供电。这样,就能省去配置电源线的费用,使整个装置更简洁,成本更低。

对于工业领域而言,也是如此。通过以太网电缆传输电力,需要在设施上铺设的电缆更少,从而更容易建立或重新配置生产场所。近年来,PoE 技术已经从传统的 WLAN、网络监控、IP 电话等领域延伸到光伏发电、风力发电、IoT、智慧城市等多种新的应用场景。这种技术具有成本低、施工方便、供电稳定、运维效率高等特点。

PoE 技术的历史通过以太网电缆传输电力的概念可以追溯到 2003 年,当时 IEEE 批准了第一个以太网供电(PoE)标准,这是对 IEEE 802.3bt 核心标准的修正。IEEE 802.3af 是 IEEE 标准委员会批准的第一个关于数据终端设备(Data Terminal Equipment,DTE)通过媒体相关接口(Media Dependent Interface,MDI)供电的标准。以这种方式供电的前提是在部署越来越多的以太网连接设备时采取降低成本的措施。任何联网设备,无论是安全摄像头、无线接入点还是工业传感器,都需要电源才能工作。PoE 标准是 IEEE 802.3af,该标准规定了 15.4 W 输出功率。并向受电设备提供 48 V 的直流电。后期的衍生标准包括 802.3at(PoE+),相较 IEEE 802.3af,可输出 2 倍以上的电力,每个端口的发射功率可在 30 W 以上。802.3bt(PoE++)可以发射 60 W 或 100 W 的功率。还有一些非标准的实现可以获得更高的功率或更长的覆盖范围。

1.PoE 系统构成

一个完整的 PoE 系统包括供电设备和受电设备两部分,提供电力的叫作供电设备(Power Sourcing Equipment,PSE),负责将电源注入以太网线,并实施功率的规划和管理,而使用电源的称为受电设备(Power Device,PD)。

以太网供电开始于能提供电源的供电设备,该设备通过测量其共模终端来检测需要供电的设备。有效的受电设备必须具有一个 25k9 共模电阻的"检测特征"。PSE 用一个称为分级的第二次测量来判断 PD 的峰值功率要求,掌握这一信息后 PSE 就能对那些需要供电的设备提供电源,而不会损坏不需要供电的设备,并能有效地分配可用功率。

2.PoE 供电传输方式

802.3af 标准定义了两种不同类型的 PSE。一种是 Endpoint PSE,即末端跨度 PSE,它把供电功能与网络交换机集成在一起。Endpoint PSE 就是支持 POE 功能的以太网交换机、路由器或其他网络交换设备。末端跨度设备在双绞线中的 1、2、3、6 号线缆上同时接入电源和数据。末端跨度 PSE 支持 10BASE-T、100BASE TX 和 1000BASE-T 网络。末端跨度的 POE 系统中的 PSE 可以在信号线对之间或备用线对之间提供标称 48 V 的 DC 电源。

另一种 802.3f 标准定义的 PSE 是 Midspan PSE,即中间跨度 PSE,"Midspan PSE"是一个专门的电源管理设备,通常和交换机放在一起。它对应的每个端口有两个 RJ45 接口,一个用短线连接至交换机,另一个连接远端设备。PD 则有多种形式,如 IP 电话、AP、PDA 或移动电话充电器等。中间跨度 PSE 在交换机和 PD 之间,它通过双绞线中没有使用 4、5、7、8 号线缆提供电源。数据通过中间跨度设备路由,不会有任何改动,中间跨度 PSE 通常与以太网交换机相邻安装在设备机架中。

空用段对中间跨度 PSE 只支持 10BASE-T 和 100BASE-TX 网络,而 802.3af 标准目前还未定义对 1 000BASE-T 网络的支持。中间跨度 PSE 在备用线对之间提供 48 V 的 DC 电源。

3.PoE 供电设备原理

标准的五类网线有四对双绞线但是在 10M BASE-T 和 100M BASE-T 中只用到其中的两对。IEEE 802.3af 允许两种用法:

(1)应用空闲脚供电时,4、5 脚连接正极,7、8 脚连接负极。

(2)利用信号线(1,2,3,6)同时传递数据信号和 48 V 的电源。应用数据脚供电时,将 DC 电源加在传输变压器的中点,在这种方式下线对 1、2 和线对 3、6 可以为任意极性。传输数据所用的芯线上同时传输直流电,其输电采用与以太网数据信号不同的频率,不影响数据的传输。

标准不允许同时应用以上两种情况。电源提供设备 PSE 只能提供一种用法,但是电源应用设备 PD 必须能够同时适应两种情况。该标准规定供电电源通常是 48 V、13 W 的。PD 设备提供 48 V 到低电压的转换是较容易的,但同时应有 1 500 V 的绝缘安全电压。

当在一个网络中布置 PSE 供电端设备时,PoE 以太网供电的工作过程如下:

(1)检测:一开始,PSE 设备在端口输出很小的电压,直到其检测到线缆终端的连接为一个支持 IEEE 802.3af 标准的受电端设备。

(2)PD 端设备分类:当检测到受电端设备 PD 之后,PSE 设备可能会为 PD 设备进行分类,并且评估此 PD 设备所需要的功率损耗。

(3)开始供电:在一个可配置时间(一般小于 15 μs)的启动期内,PSE 设备开始从低电压向 PD 设备供电,直至提供 48 V 的直流电源。

(4)供电:为 PD 设备提供稳定可靠 48 V 的直流电,满足 PD 设备不越过 15.4 W 的功率消耗。

(5)断电:若 PD 设备从网络上断开时,PSE 就会快速地(一般在 300～400 ms)停止为 PD 设备供电,并重复检测过程以检测线缆的终端是否连接 PD 设备。

4.以太网供电过程

(1)侦测。在允许 PSE 向线路供电之前,它必须用一个有限功率的测试源来检查特征电阻,以避免将 48 V 电源加给非兼容 PoE 的网络设备,造成危害。在加电之前,PSE 首先用 2.8～10.0 V 的探测电压去侦测是否有 PD 接入。具体实施时,是将 2.8～10.0 V 的两个电压送到网络链路,然后根据得到的两个不同的电流值再作运算(OV/OI)。

(2)P 端设备分类。当检测到受电端设备 PD 之后,PSE 设备可能会为 PD 设备进行分类,并且评估此 PD 设备所需要的功率损耗。IEEE 802.3af 标准的 PD 要求开始于一个 25 kΩ 和小于 120 nF 的特征识别,正是这一特征使 PSE 将 PD 从不需要供电的其他以太网设备中区分出来。PD 只需要具有这些检测特征,而同时链路处于检测模式即可实现检测。分级特征表明 PD 的峰值功耗,要求在端口电压为 14.5～20.5 V 时 PD 吸收一个特定的 DC 电流。

(3)供电。在一个可配置时间的启动期内,PSE 设备开始从低电压向 PD 设备供电,直至正常提供 48 V 的直流电源。使电路的旁路电容充电完成后,端口电压就升高进入供电模式,其余部分运行,并在它所在的功耗极限内吸取电源。如果电流过高的时间超出 50 ms 将会使电源关断。此外,PD 必须吸收最低为 10 mA 的电流,这样 PSE 就能知道它还保持连接。像恒温调节器这类功率敏感的应用可以通过脉冲电流为 10 mA,并且脉冲间隔时间保持冲调制使保持功耗特征(MPS)在 75～250 ms 以减少功耗。PSE 为 PD 设备提供稳定可靠的 48 V 直流电,满足 PD 设备不越过 15.4 W 的功率消耗。

(4)断电。若 PD 设备从网络上断开时,PSE 就会快速地(300～400 ms)停止为 PD 设备供电,并重复检测过程以检测线缆的终端是否连接 PD 设备。如果 PD 设备未接入或处于关断状态,PSE 就停止输送电源,并不断检测有效 PD 设备的 25 kΩ 电阻的特征电阻。以太网供电连接完全由 PSE 来进行控制。

2.3.2　PoE 技术的优点

在任何联网设备中,无论是生产现场所需要的安全摄像头、无线接入点还是工业传感器,都需要电源才能工作。通常,这将涉及在设备附近为其放置一个线路电源插座,即使低压电源需求相对较小,通常不超过 10 W。在大多数情况下,设备可能是唯一需要线路电源插座,而且很明显,在连接所有设备之前,广泛的部署可能会带来巨大的电气安装成本。PoE 的另一个优点是在线路断电的情况下能够为重要的用电设施提供备用电源。

PoE 技术在工业领域的一些应用,能够简化系统布线,降低能耗产生。许多工业自动化设施的设计有一项原则就是易于配置和布局。例如,生产设施中的装配线可能需要拆卸和设置以生产不同的产品。以太网和 PoE 的结合增加了自动化系统的模块性,使一些设备几乎是即插即用的,只需要插入以太网电缆即可提供网络连接和电源。这简化了工厂设置,使电缆更容易布线并连接到设备层。这也节省了项目实施的时间,同时节省了额外布线的成本和铺设电缆所需的人力。此外,通过为网络上的每个 PoE 端点或供电设备 PD 提供一个中央电源,PoE 提供了一个单一的维护点。例如:启用 PoE 的交换机或集线器可以安全地为每个 PD 设备提供高达 90 W 的功率,使 PoE 适用于摄像机、紧凑型控制面板以及阀门等执行设备。

同样,采用 PoE 技术还可以释放额外布线的空间。由于功耗、热能耗等问题,工业设施中的大多数电缆束会有一定的限制。同一束中的电缆通常使用扎带固定在一起。因此,电缆束中的所有电缆都会产生热量,从而升高整个电缆束的温度,称为"温升"。由于电阻随温度升高而增大,由于热量引起的功率和信号损耗将降低电缆束中每根电缆的功率效率。PoE 简化了工业自动化中电力电缆的使用,从而减少了一束电缆的数量,减少了热功耗,并防止了以太网双绞线中的信号退化,提高了向设备供电的效率。因此,在自动化设备中增加 PoE 技术具有很强的现实意义。

2.4 容错与冗余

工业以太网以其特有的低成本、高实效、高扩展性及高智能的优点,吸引着越来越多的制造业厂商,控制系统和工厂自动化系统常常采用工业以太网技术完成工业控制任务。在核电、电力以及交通等很多工业控制领域的实际应用场合下,设备所处的环境相当复杂,用户对以太网的可靠性要求也越来越高。为了保证不会因通信服务器失效、网络断线或交换机故障而导致整个通信系统瘫痪,现在普遍通过以太网冗余技术来提高网络容错的能力。

冗余系统用于减少停机时间,系统中重要的自动化组件(如 CPU、网络和 CP 等)都有备份。在双绞线电缆连接成的冗余环中,SCALANCE X400 交换机作为冗余管理器。如果网络中的某个组件(如电缆)发生故障,冗余管理器将使备用(冗余)的连接路径自动接管通信任务,连接不会中断。

由于工业环境对工业控制网络可靠性能的超高要求,工业以太网的冗余功能应运而生。从快速生成树冗余(RSTP)、环网冗余(Rapid Ring)到链路聚合(Link Aggregation),都有各自不同的优势和特点,控制工程师们可以根据自己的要求进行选择。几种常用冗余技术如下:

1.STP 及 RSTP

生成树算法(Spanning Tree Protocol,STP,IEEE 802.1D)是一个链路层协议,提供路径冗余和阻止网络循环发生,强令备用数据路径为阻塞(Blocked)状态。如果一条路径有故障,该拓扑结构能借助激活备用路径重新配置及链路重构。网络中断恢复时间为 30～60 s。快速生成树算法（Rapidly Spanning Tree Protocol,RSTP,IEEE 802.1w）作为 STP 的升级,将网络中断恢复时间,缩短为 1～2 s。生成树算法网络结构灵活,但也存在恢复速度慢的缺点。

2.环网冗余 Rapid Ring

Rapid Ring 是西门子在以太网网络中使用环网提供高速冗余的一种技术,能够满足工业控制网络实时性强的需求。这个技术可以使网络在中断后的 300 ms 之内自行恢复,并可以通过交换机的出错继电连接、状态显示灯和 SNMP 设置等方法来提醒用户出现的断网现象。

Rapid Ring 也支持两个连接在一起的环网,网络拓扑更为灵活多样。两个环通过双通道连接,这些连接可以是冗余的,进而避免单个线缆出错而带来的网络问题。

3.链路聚合 Link Aggregation

将不同交换机的多个端口设置为 Trunking 主干端口,并建立连接,则这些交换机之间可以形成一个高速的骨干链接。不但成倍地提高了骨干链接的网络带宽,增强了网络吞吐量,而且还实现了冗余功能。

如果网络中的骨干链接产生断线等问题,那么网络中的数据会通过剩下的链接进行传输,保证网络的通信正常。主干网络采用总线型和星形网络结构,理论通信距离可以无限延长。该技术采用了硬件侦测及数据平衡的方法,使网络中断恢复时间达到了新的高度,一般恢复时间在 10 ms 以下。

2.5　小　结

工业以太网是应用于工业控制领域的以太网技术,在技术上与商用以太网兼容,但是实际产品和应用却又完全不同。主要原因是因为普通商用以太网的产品设计,在材质的选用、产品的强度、适用性、实时性、可互操作性、可靠性、抗干扰性、本质安全性等方面不能满足工业现场的需要。因此,工业以太网与商业网络在数据链路层、网络层、协议层等方面并无本质区别,但针对工业控制的实时性等需求,工业以太网解决了通信实时性、网络安全性、本质安全与安全防爆等技术问题,并且采用一些适合于工业环境的措施,如防水、抗振动等。

工业以太网,提供了一个无缝集成到新的多媒体世界的途径。企业内部互联网、外部互联网以及国际互联网等提供的广泛应用不但已经进入今天的办公室领域,而且还应用在了生产与过程自动化方面。

1.以太网的工作方式主要包括（　　　）、（　　　）和（　　　）。

2.稳健型工业以太网物理层技术可解决（　　　）、延迟、解决方案尺寸、（　　　）、EMC/ESD 和较长产品寿命问题,是实现互联工厂的基础。

3.工业以太网中为了保证实时性要求,在传输层通过修改（　　　）,来增加实时调度以控制通信中的不确定因素。

4.简单阐述工业以太网技术应用优势的具体表现。

5.简单阐述工业以太网在数据链路层进行了哪些修改,以提高工业以太网的实时性。

第 3 章

工业以太网工业软件

3.1 SIMATIC NET

在工程现场中,同一系统由多家不同厂商的设备组成,程序开发需分别适配不同厂家的驱动程序,不但延长项目周期也大大增加了项目的成本。为了解决上述问题,用于过程控制的 OLE(OLE forProcessControl,OPC)技术应运而生。OPC 技术是为了不同供应厂商的设备和应用程序之间的软件接口标准化,使其间的数据交换更加简单化的目的而提出的。作为结果,从而可以向用户提供不依靠于特定开发语言和开发环境的可以自由组合使用的过程控制软件组件产品。

OPC 是一种标准技术规范,称为 OPC 基金会标准。OPC 采用典型的 C/S 模式,针对硬件设备的驱动程序由硬件厂商完成,提供统一 OPC 接口标准的 Server 程序,软件厂商只需按照 OPC 标准接口编写 Client 程序就可访问 Server 程序进行读写,即可实现与硬件设备的通信。利用 OPC 技术可有效快速的集成不同供应商的设备,提高编程效率降低成本。

以太网逐步应用到工业控制场合中,经过不断的改进,使用于工业现场的以太网就成为工业以太网。SIMATIC NET 是西门子公司研发的一款通信软件,主要用来解决在以太网中上位软件不支持直接访问西门子的问题;而 Profinet 是一种新的以太网通信系统,是由西门子公司 Profibus 用户协会开发,是 Profibus 的升级版。

SIMATIC NET 是西门子的工业网络通信软件。它起连接上位机与下位机的作用,相当于一个 OPC,可以将工业现场的 PLC、主机、工作站和个人电脑之间交换数据,能够适应自动化工程中的种类多样性。SIMATIC NET 的主要特点如下:

（1）SIMATIC NET 包含 CP 5613、CP 5614 和 CP 1613、CP 1616 等通信卡的驱动程序，Step 7 集成的"设置 PG/PC 接口"工具不支持上述通信卡。将这类 CP 卡插入计算机，在安装 SIMATIC NET 时，将自动地为它们安装驱动程序。

（2）如果上位机运行的组态软件不支持西门子的通信协议，不能直接访问 PLC S7 1200，需要用 SIMATIC NET 的 OPC 功能来解决此类问题。

（3）大型复杂的控制系统是由多台计算机和多台 PLC 组成，可以用 SIMATIC NET 来组态 PC 站，然后在 netpro 中分别组态各 PLC 和各 PC 站点之间的连接。

（4）使用冗余设计的容错自动化系统 S7-400h 和 CP 1613、CP 1616 以太网卡时，必须用 SIMATIC NET 来组态冗余通信。

（5）SIMATIC NET 提供了 S7、fdl、PG/OP 等通信协议访问的授权。

SIMATIC NET 软件中的 OPC Scout 工具用于 OPC 组态，生成的 OPC 的组和条目用于 PLC 与组态软件的通信，还可以用来测试 OPC 服务器和 PLC 的数据通信。具体使用方法如下：

第 1 步，配置 PC 站的硬件机架。

当 SIMATIC NET 软件成功安装后，在 PC 机桌面上可看到 Station Configuratoion 的快捷图标 ，同时在任务栏（Taskbar）中也会有 Station Configuration Editor 的图标。

（1）通过双击图标打开"Station Configuration Editor"配置窗口，如图 3-1 所示。

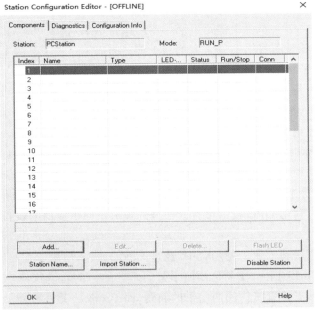

图 3-1　Station Configuration Editor 配置窗口

（2）选择 Index 中的"1"（一号插槽），单击"Add"按钮，打开"Add Component"窗口，在 Type 下拉列表中选择"OPC Server"选项，单击"OK"按钮完成添加，如图 3-2 所示。

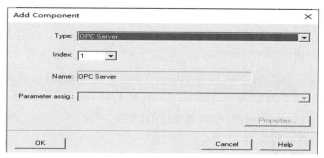

图 3-2　添加 OPC Server

（3）同样方法选择三号插槽添加"IE General"，如图 3-3 所示。

（4）单击"OK"按钮弹出网卡属性对话框，如图 3-4 所示。

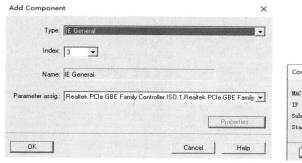

图 3-3　添加 IE General　　　　　　　　　　图 3-4　网卡属性

（5）网卡的配置。单击"Network Properties"按钮，打开 Windows 网络配置窗口，选择本地连接属性菜单设置网卡参数，如 IP 地址、子网掩码等，如图 3-5 所示。

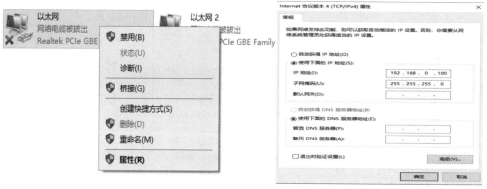

图 3-5　本地连接属性设置

（6）分配 PC Station 名称。单击"Station name"按钮，指定 PC 站的名称，这里命名为 PCStation。单击"OK"按钮完成 PC 站的硬件组态，如图 3-6 所示。

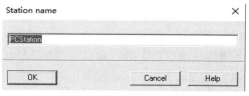

图 3-6　分配 PC Station 名称

说明:Station Name 并不是特指 PC 机的名称。

第 2 步,配置控制台(Configuration Console)的使用与设置。配置控制台是组态设置和诊断的核心工具,用于 PC 硬件组件和 PC 应用程序的组态和诊断。

(1)正确完成 PC Station 的硬件组态后,打开配置控制台,可以看到所用以太网卡的模式已从 PG mode 切换到 Configuration mode,插槽号(Index)也自动指向 3。

(2)在 Access Points 设定窗口中,将 S7ONLINE 指向 PC internal(local)。此设定是为 PC Station 组态的下载做准备,如图 3-7 所示。

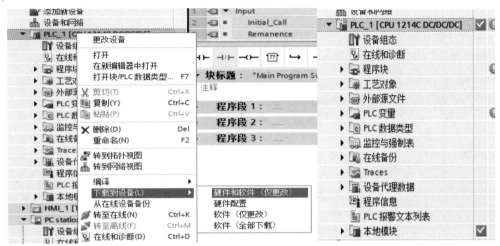

图 3-7　PC Station 配置控制台下载

第 3 步:在 STEP 7 中组态 PC Station

(1)打开 SIMATIC Manager,通过 File New 创建一个新项目,如"项目 1"。通过 Insert Station Simatic PC Station 插入一个 PC 站,双击"Configuration"进入 PC Station 组态界面,如图 3-8 所示。

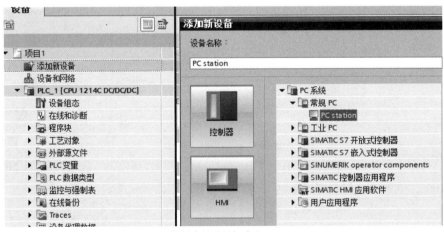

图 3-8　STEP 7 中创建新项目与建立 Simatic PC Station

(2)在硬件组态中,从硬件目录窗口中选择与已安装的 SIMATIC net 软件版本相符的硬件插入与在 Station Configuration Editor 配置的 PC 硬件机架相对应的插槽中,如图 3-9 所示。

（3）分配普通以太网络参数，完成网卡配置，操作如上。

单击 IE General 属性对话框中"Properties"按钮打开以太网接口参数设置对话框，按要求设置以太网卡的 IP 地址和相应的子网掩码。IP 地址应与实际硬件所设以太网卡 IP 地址一致，并用"New"按钮建立一个 ethernet 网络。

（4）完成 PC 站组件设置后，右击"PC station"，单击"在线组态 PC 站"选项，如图 3-10 所示。

图 3-9　PC Station 硬件组态　　　　图 3-10　组态的编译存盘

（5）确认"组态"无误后，单击"显示"按钮，如图 3-11 所示，进入"PC 站显示"窗口。

图 3-11　选择"显示"按钮

（6）在"PC 站显示"窗口中，选择"OPC Server"，在连接表第一行右击插入一个新的连接，如图 3-12 所示。

图 3-12　插入新的连接

（7）如果在同一个 STEP 7 项目中，所要连接的 PLC 站已经组态完成，连接会自动创建，不需要以下步骤的设置，仅需要确认连接属性即可，如图 3-13 所示。

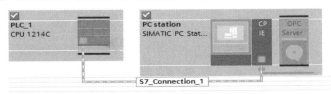

图 3-13　在网络配置中添加新的连接

（8）在 TIA Portal 中 PC 硬件组态时，"IE general"与"OPC Server"序列号一定要与 PC 站所显示的一致，否则将会出现组态错误，如图 3-14 所示。

图 3-14　S7 索引序列号对应

（9）确认所有配置后，TIA Portal 中的变量可以与 PC Station 关联，如果组态不正确，则不能下载到 PC Station 中，如图 3-15 所示。

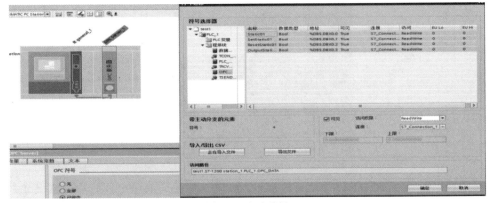

图 3-15　组态编译

第 4 步：组态下载

（1）完成 PC 站组态后，即可将组态下载到 PC 站中，单击"OK"按钮执行下载。

（2）下载完成后，可以打开"Station Configuration Editor"窗口，检查组件状态，"OPC Server"一栏要有连接图标，此项说明连接激活，如图 3-16 所示。

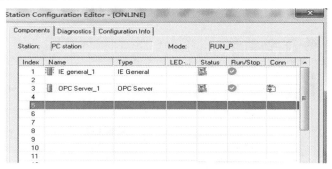

图 3-16　PC Station 运行状态

3.2　博　途

3.2.1　TIA 博途简介

TIA 博途是全集成自动化软件 TIA Portal 的简称，是西门子工业自动化集团发布的一款全新的全集成自动化软件。它是业内首个采用统一的工程组态和软件项目环境的自动化软件，几乎适用于所有自动化任务。借助该全新的工程技术软件平台，用户能够快速、直观地开发和调试自动化系统。

TIA 博途作为一切未来软件工程组态包的基础，可对西门子全集成自动化中所涉及的所有自动化和驱动产品进行组态、编程和调试。例如，用于 SIMATIC 控制器的新型 SIMATIC STEP7 V11 自动化软件以及用于 SIMATIC 人机界面和过程可视化应用的 SIMATIC WinCC V11。作为西门子所有软件工程组态包的一个集成组件，TIA 博途平台在所有组态界面间提供高级共享服务，向用户提供统一的导航并确保系统操作的一致性。例如，自动化系统中的所有设备和网络可在一个共享编辑器内进行组态。在此共享软件平台中，项目导航、库概念、数据管理、项目存储、诊断和在线功能等作为标准配置提供给用户。统一的软件开发环境由可编程控制器、人机界面和驱动装置组成，有利于提高整个自动化项目的效率。此外，TIA 博途在控制参数、程序块、变量、消息等数据管理方面，所有数据均只需要输入一次，大大减少了自动化项目的软件工程组态时间，降低了成本。TIA 博途的设计是基于面向对象和集中数据管理，避免了数据输入错误，实现了无缝的数据一致性。使用项目范围的交叉索引系统，用户可在整个自动化项目内轻松查找数据和程序块，极大地缩短了软件项目的故障诊断和调试时间。

　　TIA 博途采用此新型、统一软件框架,可在同一开发环境中组态西门子的所有可编程控制器、人机界面和驱动装置。在可编程控制器、人机界面和驱动装置之间建立通信时的共享任务,可大大降低连接和组态成本。例如,用户可以方便地将变量从可编程控制器拖放到人机界面设备的画面中。然后在人机界面内即时分配变量,并在后台自动建立控制器与人机界面的连接,无须手动组态。

3.2.2　博途的简单操作

　　双击快捷图标打开博途界面,首先显示的是博途的初始界面,用户也可以根据需要选择页面左下角的"项目视图"进入项目视图界面。如图 3-17 所示。

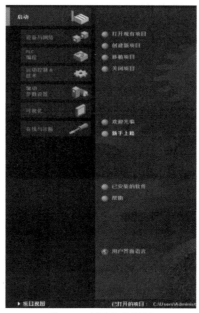

图 3-17　博途初始界面

　　在博途的初始界面上,可以打开现有的项目也可以创建新项目,双击"创建新项目"进入"创建新项目"界面。"创建新项目"的基本信息主要包括项目名称、路径、版本、作者及注释,如图 3-18 所示。

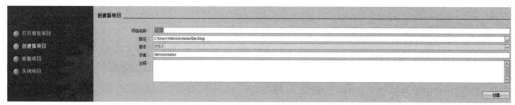

图 3-18　"创建新项目"的基本信息

　　单击"创建"按钮,打开"项目设计向导"界面,如图 3-19 所示。

　　双击"组态设备"按钮,进入项目设计的第一步,添加新设备,如图 3-20 所示。

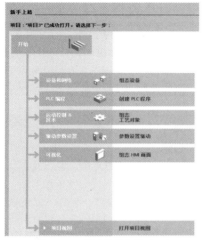
图 3-19 "项目设计向导"界面

图 3-20 添加新设备

双击"添加新设备"按钮,进入"添加新设备"界面,这里有四类设备可以选择,分别为控制器、HMI、PC 系统和驱动。以控制器为例,选择"控制器",在界面中间位置显示控制器的类型,用户需要选择与所需设备完全一致的设备名称、订货号以及版本,否则程序不能正确的添加至设备中。"添加新设备"界面如图 3-21 所示。

图 3-21 "添加新设备"界面

补充:设备的类型在设备的侧面可以找到,如图标。

单击"确定"按钮,进入视图界面,单击硬件的网卡接口部分,如图 3-22 所示。

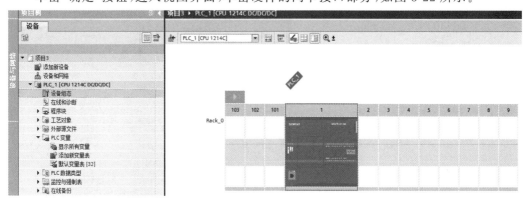

图 3-22　选定网卡接口界面

单击"模块"目录树中的"设备组态"选项,进入 PLC 的 IP 地址以及子网掩码设置界面,如图 3-23 所示。

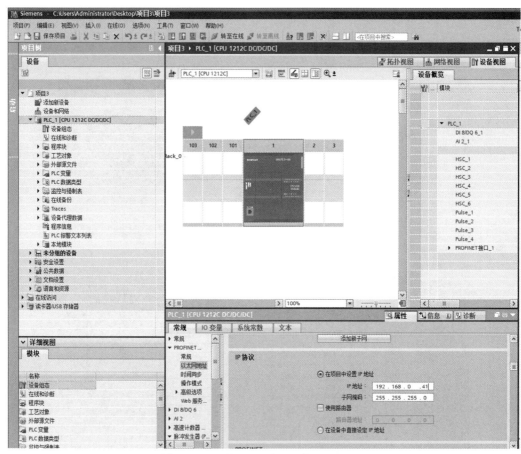

图 3-23　PLC 的 IP 地址与子网掩码设置界面

依据功能需求,用户还可以设置变量、编写程序,并将其烧录到设备中,在烧录前一般情况下会选择设备的主目录文件夹,含义是将设备的所有设置一次性烧录完成,后期如果对设备的某些功能进行了修改,用户可以就修改部分选择单独烧录即可。设备功能下载界面,如图 3-24 所示。

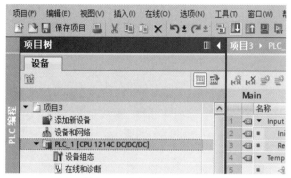

图 3-24　设备功能下载界面

单击"下载"按钮,打开"扩展下载到设备"界面,用户需要选择 PG/PC 接口类型以及接口,进行搜索连接设备,如图 3-25 所示。

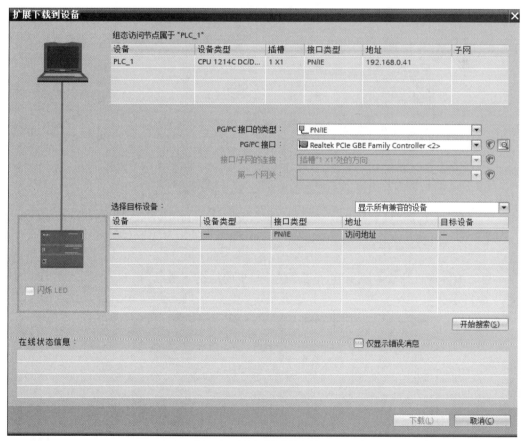

图 3-25　扩展下载到设备界面

单击"开始搜索"按钮,待搜索结束后,在"选择目标设备"表格中出现了连接设备,如图 3-26 所示。

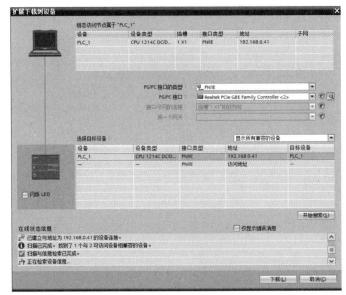

图 3-26　选择目标设备下载界面

单击"下载"按钮,进入"下载到设备前编译"界面,如图 3-27 所示。

图 3-27　"下载到设备前编译"界面

组态编译进行到软件同步后,单击"在不同步的情况下继续"按钮,进行软件同步,如图 3-28 所示。

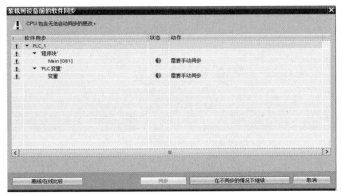

图 3-28　"装载到设备前的软件同步"界面

进入"下载预览"界面,该界面"状态"列中图标 **!** 表示警告,图标 **✓** 表示正确,还有一种符号就是叉,如果出现叉就必须寻找错误原因并进行修改,然后才能继续装载,否则可以忽略,这里可以在"停止模块"行对"无动作"进行修改,修改为"全部停止",然后单击"装载"按钮,如图 3-29 所示。

图 3-29 "下载预览"界面

单击"装载"按钮后,显示下载过程,如图 3-30 所示。

图 3-30 下载过程

等待一段时间,装载完成后,单击"完成"按钮,如图 3-31 所示。

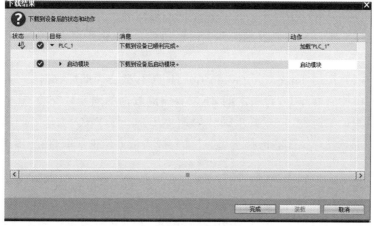

图 3-31 设备配置装载完成界面

3.2.3　PROFINET 组态

PROFINET 由 PROFIBUS 国际组织（PROFIBUS International,PI）推出,是基于工业以太网技术的自动化总线标准。PROFINET 为自动化通信领域提供了一个完整的网络解决方案,兼容标准以太网、实时以太网、同步实时通信三种通信方式,而且可以完全兼容工业以太网和现有的现场总线（如 PROFIBUS）技术。PROFINET 协议栈如图 3-32 所示。

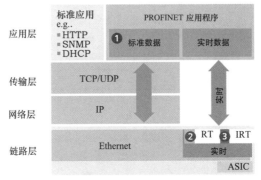

图 3-32　PROFINET 模型

PROFINET 技术包括 PROFINET IO 和 PROFINET CBA 两部分,它们基于不同的通信模型。PROFINET IO 用来完成工业自动化中分布式系统的控制,主要包括 IO 控制器、IO 设备和 IO 监视器三种设备。PROFINET CBA（Component Based Automation）是基于组件的自动化网络协议,它适用于设备/系统之间的通信。如果说 PROFINET IO 是控制器与现场设备的 IO 数据交换,那么 PROFINET CBA 则提供了多个 IO 系统之间的标准接口,可以组成更大的系统。

在工业自动化控制中,不同控制对象的实时性要求不同。比如某些过程参数的设置、设备的诊断等一般实时性要求较低,但是对于控制器与现场传感器、执行器的数据交换就要满足一定的实时性要求;而对于运动控制,其实时性要求就更高。基于不同控制对象的实时性要求的不同,PROFINET 分成三种不同的通信等级:

（1）基于 TCP/UDP 和 IP 技术的非实时性通信,可以用于组态、参数设置、诊断等小于 100 ms 的非实时性要求的场合。

（2）实时通信（Real Time Communication,RTC）,适合周期性数据交换的场合。比如 PROFINET IO 控制器和 IO 设备之间,不仅要完成数据的周期性交换,还必须保证一定的实时性。这里的实时性,一般要求循环周期小于 10 ms;PROFINET 的实时通信采用的是基于虚拟局域网（VLAN）的技术,通过优先级保证通信的实时性,不需要特殊的硬件支持。

（3）等时同步通信（Isochronous Real Time Communication,IRTC）。对于时间要求严格同步的通信,比如运动控制,实时通信（RT）的 10 ms 数据交换周期不能满足要求,这种情况下要采用等时同步通信。该通信模式下,数据的循环刷新时间小于 1 ms,循环扫描周期的抖动时间不大于 1 μs（微秒）;等时同步通信需要特殊的 ASIC 芯片支持。

具有实时通信(RT)功能的 PROFINET IO 是集成 I/O 系统的最优解决方案。该解决方案也可使用设备中的标准以太网以及市场上可购买到的工业交换机作为基础架构部件。不需要特殊的硬件支持。如果希望使用 ROFINET IRT 功能,必须采用可根据标准 IEC 61158 支持 PROFINET 标准的交换机,如 SCALANCE X-200IRT 系列交换机。

PROFINET 主要用于实现高确定性的实时通信,与以太网相比存在一些不同,具体如下:

1.实时性不同

PROFINET(实时以太网)基于工业以太网,比标准以太网具有更好的实时性。

2.使用协议不同

PROFINET 不仅兼容标准以太网标准,同时具备了高实时性的 IO RTC、IO IRTC 等协议。

3.成本不同

PROFINET 的接线配置和调试成本低;以太网的接线配置和调试成本高。

4.扩展性能不同

PROFINET 的接线扩展性能差,不便于与 Internet 集成;而以太网的接线扩展性能好,便于与 Internet 集成。

5.可靠性不同

PROFINET 本身不容易产生信号冲突,性能不会下降,可靠性高;以太网容易产生信号冲突,性能下降,可靠性低。

项目说明:某工厂要求网络管理员对厂区的实时通信实现高确定性,以便提升工厂网络的通信质量,管理员拟采用 PROFINET IO 实现。

项目目的:理解并掌握配置组态 PROFINET IO 系统的方法;掌握 PROFINET IO 系统的通信测试方法。

项目设备:PLC(S7 1200)两台;SCALANCE XB208 一台;上位机一台;工业以太网线缆三根。

项目功能:利用 PROFINET IO 系统对厂区网络进行规划,以保证信息高确定性的可靠传输,其网络拓扑结构如图 3-33 所示。

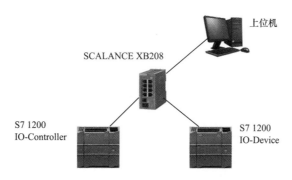

图 3-33 PROFINET IO 系统网络拓扑结构

项目的实施步骤如下:

第 1 步,在上位机中利用控制面板打开"网络和 Internet"界面,选择"网络和共享中心"中的"查看网络状态和任务"选项,如图 3-34 所示。

图 3-34　打开"网络和 Internet"界面

第 2 步,打开"查看网络状态和任务"的界面后,选择"更改适配器设置"选项,如图 3-35 所示。

图 3-35　查看网络状态界面

第 3 步,打开"更改适配器设置"后,选择"以太网 2",右击,弹出窗口如图 3-36 所示。

图 3-36　查看属性界面

第 4 步，选择"属性"选项，打开属性界面，选择"Internet 协议版本 4（TCP/IPv4）"选项，单击"属性"按钮，如图 3-37 所示。

第 5 步，单击"属性"按钮，打开"Internet 协议版本 4（TCP/IPv4）属性"设置窗口，配置上位机的 IP 地址（192.168.0.100）与子网掩码（255.255.255.0），如图 3-38 所示。

图 3-37　属性界面　　　　　　　　图 3-38　上位机的 IP 地址和子网掩码配置

第 6 步，利用工业以太网线缆将上位机与 SCALANCE XB208 交换机连接，利用 PST 工具为其配置 IP 地址（192.168.0.12）和子网掩码（255.255.255.0），并单击工具栏中"🏠"按钮，完成设置的下载，如图 3-39 所示。

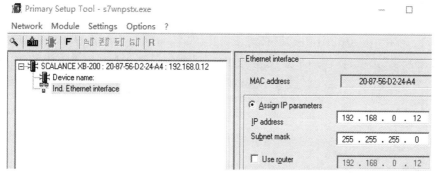

图 3-39　XB208 交换机的基本配置

第 7 步，利用工业以太网线缆将上位机与 S7 1200 连接，打开博途软件新建项目，在项目中通过"添加新设备"功能添加 S7 1200。添加成功后，在设备视图中选中 S7 1200，在界面中单击"属性"页签，选择"常规"目录树中的"项目信息"选项，在右侧的"项目信息"页签中修改名称为"IO-Controller"，如图 3-40 所示。

第 8 步，设置 IO 控制器的子网、IP 地址和子网掩码。单击"PROFINET 接口[X1]"目录树下的"以太网地址"选项，在右侧的页签中设置子网（单击"添加新子网"）、IP 地址（192.168.0.21）和子网掩码（255.255.255.0），如图 3-41 所示。

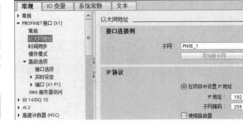

图 3-40　修改 IO 控制器的名称　　　　图 3-41　配置 IO 控制器的子网、IP 地址和子网掩码

第 9 步，选择"PROFINET 接口[X1]"目录树下的"操作模式"选项，在右侧页签中使用全部默认配置，即将该 PLC 作为 IO 控制器，如图 3-42 所示。

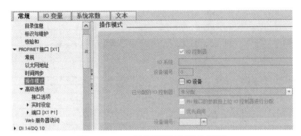

图 3-42　IO 控制器操作模式配置

第 10 步，为 IO 控制器添加"数据类型"为"Byte"的两个变量用于测试数据传输，变量名称分别为"Tag_1"和"Tag_2"，地址分别为"%QB2"和"%IB2"，如图 3-43 所示。

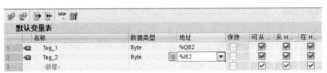

图 3-43　为 IO 控制器增加变量类型为 Byte 的变量

第 11 步，在"IO-Controller"目录树下单击"监控与强制表"，在显示的目录树中双击"添加新监控表"选项，新建一个监控表，名称为"监控表_1"。在右侧界面中的"名称"列下分别选择"Tag_1"和"Tag_2"变量，将显示格式分别设置为二进制和字符，如图 3-44 所示。

（a）

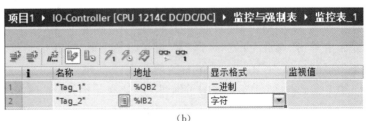

（b）

图 3-44　IO 控制器的监控表中添加监控变量

第 12 步,在项目中通过"添加新设备"添加 S7 1200,添加成功后,在设备视图中选中"S7 1200",单击"属性"页签,选择"常规"选项,单击"项目信息"在右侧页面中修改名称为"IO-Device"。

第 13 步,在"常规"页签中,选择"PROFINET 接口[X1]"目录树下的"以太网地址"选项,在右侧页签中设置子网、IP 地址(192.168.0.1)和子网掩码(255.255.255.0),如图 3-45 所示。

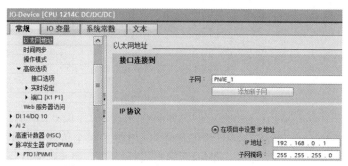

图 3-45 设置 IO 设备的子网、IP 地址和子网掩码

第 14 步,在"PROFINET 接口[X1]"目录树下选择"操作模式"选项,在右侧页签中勾选"IO 控制器"复选框;在"已分配的 IO 控制器"下拉列表中选择"IO-Controller.PROFINET 接口_1",如图 3-46 所示。

图 3-46 IO 设备配置界面

第 15 步,为 IO 设备添加数据类型为"Byte"的两个变量,变量名称分别为"Tag_3"和"Tag_4",地址分别为"%IB2"和"%QB3",如图 3-47 所示。

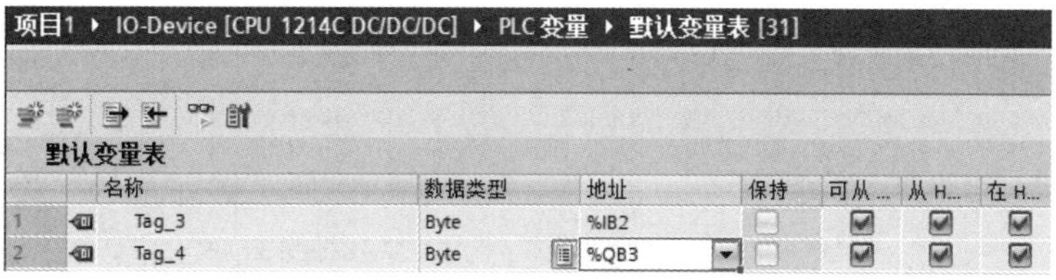

		名称	数据类型	地址	保持	可从...	从 H...	在 H...
1		Tag_3	Byte	%IB2		☑	☑	☑
2		Tag_4	Byte	%QB3		☑	☑	☑

项目1 ▸ IO-Device [CPU 1214C DC/DC/DC] ▸ PLC 变量 ▸ 默认变量表 [31]

默认变量表

图 3-47 为 IO 设备添加变量类型为 Byte 的变量

第 16 步,为 IO 设备添加监控表。在新建的"监控表_1"中,在"名称"列下分别选择"Tag_3"和"Tag_4"变量,将显示格式分别设置为"二进制"和"字符",效果同上,如图 3-48所示。

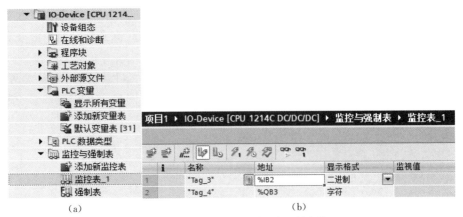

图 3-48　在 IO 设备监控表中添加监控变量

第 17 步，在"PROFINET 接口［X1］"目录树中选择"操作模式"中的"智能设备通信"选项，在右侧页签中双击"新增"选项，添加传输区，增加了两个传输区，如图 3-49 所示。

图 3-49　传输区设置

说明：第一个传输区将"IO 控制器中的地址"为"Q2"的变量的数据传输到"智能设备中的地址"为"I2"的变量中，第二个传输区将"IO 控制器中的地址"为"Q3"的变量的数据传输到"智能设备中的地址"为"I3"的变量中。

第 18 步，分别选择 IO 控制器和 IO 设备，单击工具栏上"▐▙"工具，将配置下载到设备中，如图 3-50 所示。

图 3-50　配置下载

第 19 步，利用工业以太网线缆，搭建网络拓扑结构，将作为 IO 控制器的 S7 1200 与

SCALANCE XB208 的 P2 端口连接,将作为智能 IO 设备的 S7 1200 与 SCALANCE
XB208 的 P4 端口连接,将上位机与 SCALANCE XB208 的 P6 端口连接。

第 20 步,通信测试。

(1)在 IO 控制器的“监控表_1”和 IO 设备的“监控表_1”中,分别单击“全部监视”按
钮图标。

(2)在 IO 控制器的“监控表_1”中,在“Tag_1”行的修改值处右击,选择修改为1,监视
值将变为与修改值一样,如图 3-51 所示。

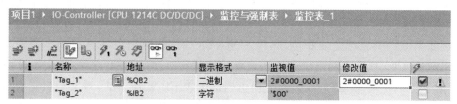

图 3-51　修改 IO 控制器中地址为％QB2 的值

(3)切换到 IO 设备的“监控表_1”,可以看到 IO 设备的％IB2 地址已经收到来自 IO
控制器发送的数据,如图 3-52 所示。

图 3-52　修改 IO 设备中地址为％QB3 的值

(4)在 IO 设备的“监控表_1”中,在“Tag_4”行的修改值处将修改值设置为′K′,右击,
在弹出菜单中选择“修改”→“立即修改”选项,监视值将变为与修改值一样,如图 3-53
所示。

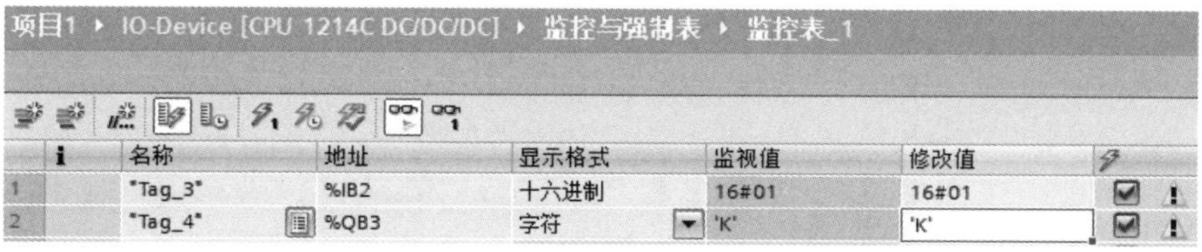

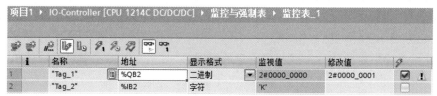

图 3-53　修改 IO 设备中地址值的配置

(5)修改 IO 设备中地址为％QB2 的值,切换到 IO 控制器的“监控表_1”,可以看到
IO 控制器的％IB2 地址已经收到来自 IO 设备发送的数据,如图 3-54 所示。

图 3-54　IO 控制器监视值同步

<table>
<tr><td>3.3</td><td>工业网络初始化软件</td></tr>
</table>

3.3.1　PST

　　Primary Setup Tool(简称 PST)用于工业网络扫描和设置 SIMATIC NET 工业以太网产品的地址。PST 可为 SIMATIC NET 网络组件、以太网 CP 以及网络转接过程分配地址(例如 IP 地址)。前提条件是,此台 SIMATIC NET 网络设备具有一个预设定的以太网(MAC)地址,并且在网络中处于在线可访问状态。使用 PST 软件,给交换机设置 IP 地址以后就可以使用 IE 浏览器访问交换机内部的 WEB 管理页面,对交换机进行配置与管理,一般可以设置 IP、FTP/TFTP、BOOTP、DHCP、SMTP、SYSLOG 等,其中 FTP 功能可以省去使用电脑作为 FTP 服务器功能,减少硬件成本,同时软件操作更加方便。

　　安装程序是一个自解压缩的 ZIP 格式文件 `PST_V4.2` 。具体安装过程如下:

　　在 PST_V4.2 文件夹中双击"Setup",弹出如图 3-55 所示界面。

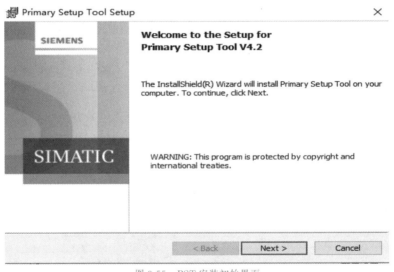

图 3-55　PST 安装初始界面

　　进入安装初始界面,提示是否继续在该计算机上安装 PST,如果用户想继续安装,则单击"Next"按钮,显示界面如图 3-56 所示。

　　弹出 PST 软件的 Readme 文档阅读提醒,用户可以根据需要做出选择,如果想阅读 Readme 文件,则单击"I want to read the notes"选项,如果用户不想阅读,可以直接单击"Next"按钮,显示界面如图 3-57 所示。

　　计算机系统中需要进行一些简单信息的配置,此时用户可以重新启动计算机,显示界面如图 3-58 所示。

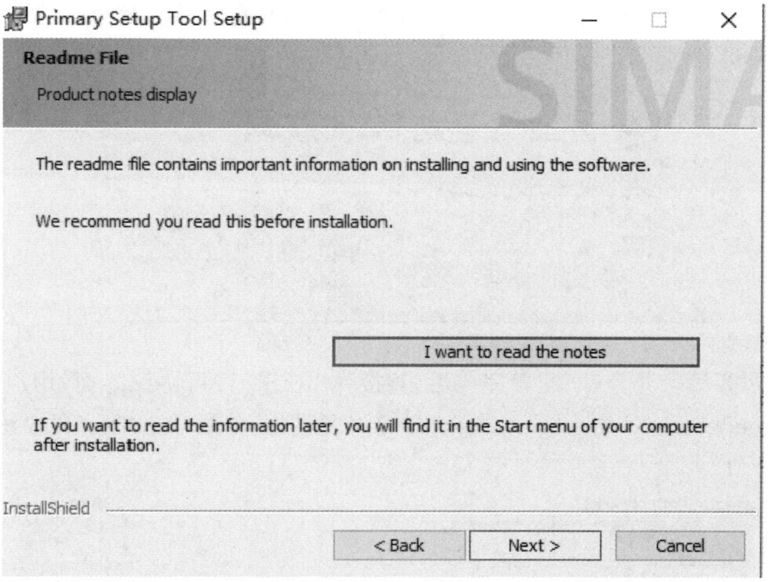

图 3-56　PST 文档阅读提醒

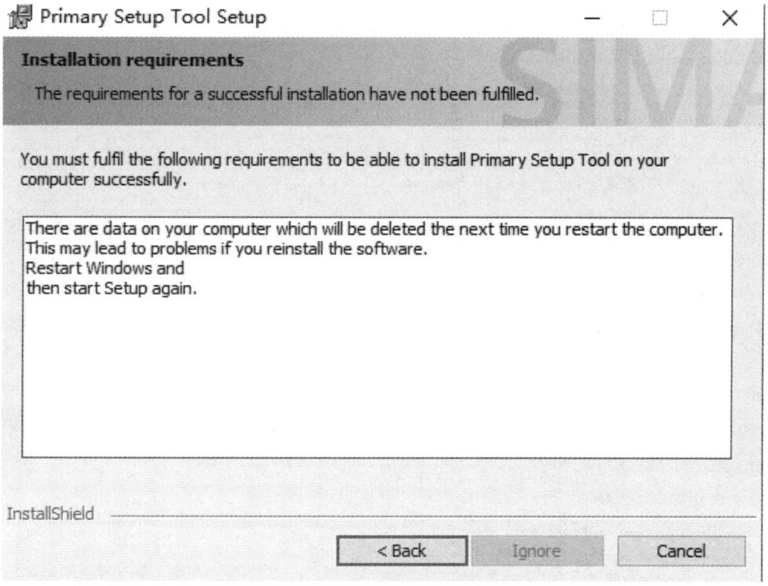

图 3-57　提示重启计算机

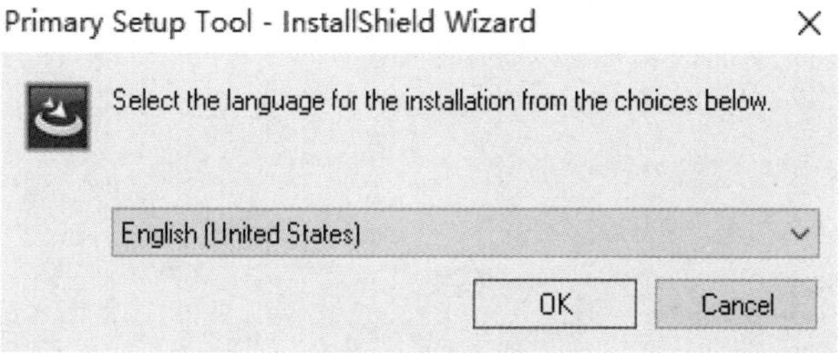

图 3-58　语言选择

这里选择 English(United States)，单击“OK”按钮，显示界面如图 3-59 所示。

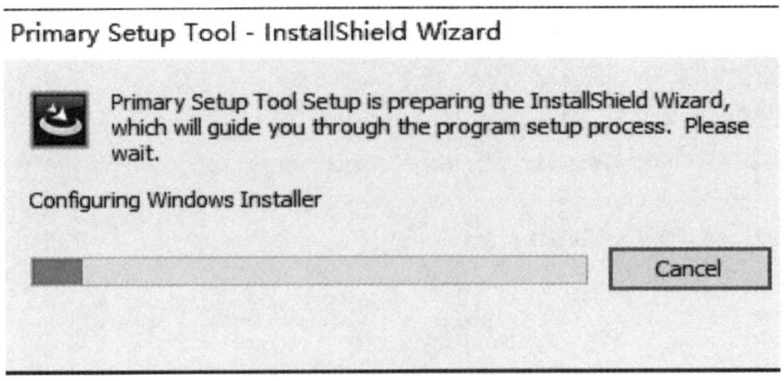

图 3-59 系统安装配置过程

该过程需要等待几分钟，配置完成后，直接弹出 PST 许可协议界面，用户需要选中“I accept the conditions of this license agreement”复选框，然后单击“Next”按钮，如图 3-60 所示。

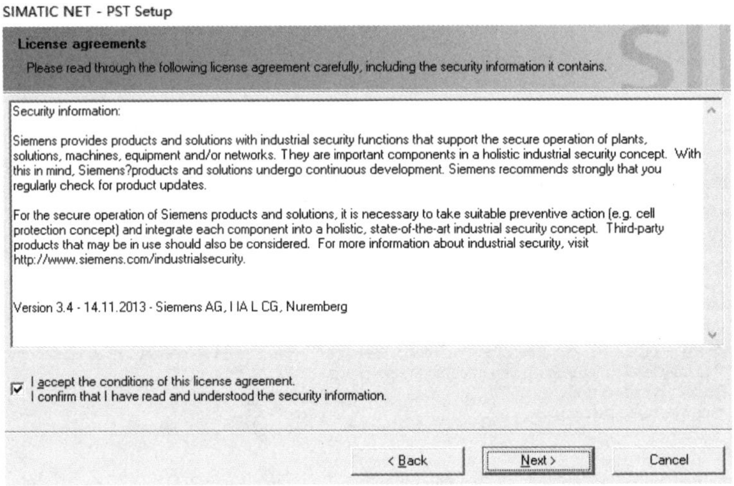

图 3-60 安装许可提示

用户在该界面可以修改 PST 安装路径，根据需要，如果用户想修改安装路径，可以单击“Browse”按钮，如图 3-61 所示。

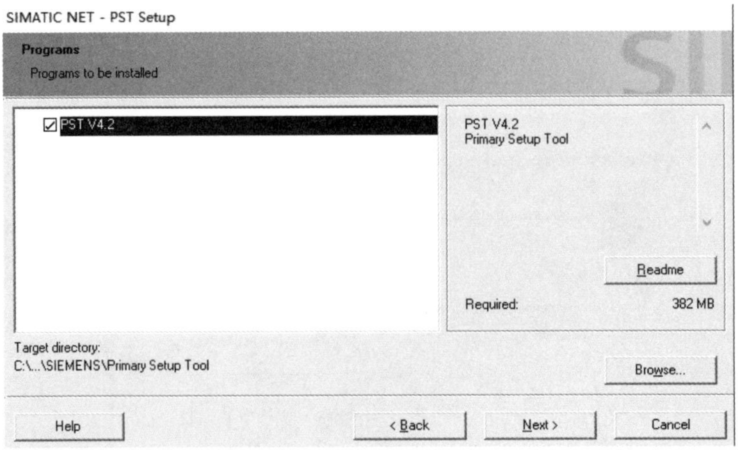

图 3-61 PST 安装路径的选择

修改安装路径,修改完成后,单击"OK"按钮,如图 3-62 所示。

图 3-62 安装路径修改界面

用户单击"OK"按钮以后,进入界面如图 3-63 所示。

图 3-63 PST 安装进程界面

五个文件按照顺序安装,直到都安装完成,显示界面如图 3-64 所示。

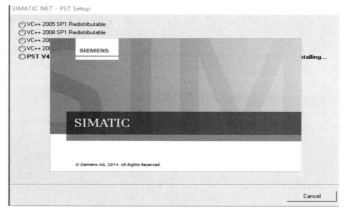

图 3-64 安装过程界面

文件配置完成以后,显示界面如图 3-65 所示。

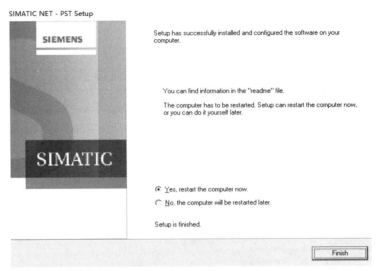

图 3-65 安装成功界面

若要在安装完成后，就使用 PST 软件，需要选中"Yes，restart the computer now"单选按钮，然后单击"Finish"按钮。在桌面上双击图标 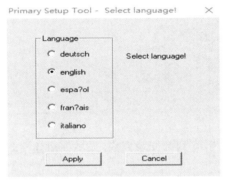，弹出语言选择界面如图 3-66 所示。

图 3-66 语言选择界面

选中"english"单选按钮，单击"Apply"按钮，弹出 PST 软件界面，如图 3-67 所示。

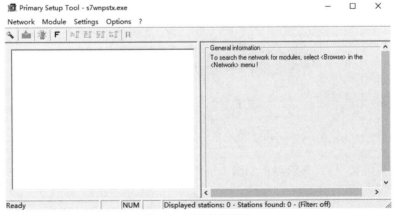

图 3-67 PST 软件界面

3.3.2 PNI

网络初始化调试工具(Primary Network Initialization,PNI)是西门子在 2020 年发布的一款网络初始化工具,PNI 作为 PST 的升级替代软件,在实现 PST 全部功能的基础上,根据工程实际需求增加了部分功能。PNI 软件不但具备设备 IP 地址扫描,还具备设备 LED 灯控制、设备凭证配置、Scalance 和 Ruggedcom 网络组件及控制器 CPU 初始化功能,并可通过 IP 地址访问第三方设备。

PNI 操作界面如图 3-68 所示,PNI 软件界面具有如下 10 个主要区域:

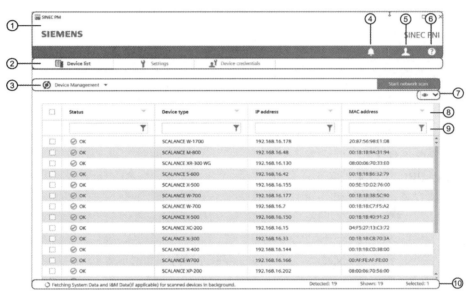

图 3-68　PNI 操作界面

①软件名称。

②软件导航界面。

③快速访问菜单和按钮。

④消息提醒。

⑤用户菜单。

⑥在线帮助。

⑦显示在线设备列表。

⑧按指定内容升序/降序排列。

⑨设备过滤输入框。

⑩系统状态信息显示栏。

PNI 软件具有如下功能:

①获取设备列表。

a.获取设备名称。

b.获取设备 IP 地址、子网掩码和路由。

②初始化操作。

a.恢复 PROFINET 参数为默认配置(对支持 PROFINET 的设备)。

b.恢复设备出厂值。

③固件升级。

④设备可用性检查。

a.PING 所选设备。

b.控制所选设备 LED 灯闪烁。

⑤程序文件读写。

a.设备文件下载。

b.设备文件上载。

⑥WEB 访问。

a.通过 WEB 访问第三方设备。

b.通过 WEB 配置第三方设备参数。

⑦设备参数配置。

a.配置设备的 IP 地址、子网掩码和路由。

b.配置设备名称。

c.配置 PROFINET 设备名称。

⑧设置设备访问证书。

3.4 小 结

本章主要介绍了西门子工业以太网中的控制软件 SIMATIC NET、博途以及 PROFINET 的基本功能以及具体操作方法,读者通过自主练习三种软件的应用,能够熟练应用该类软件,从而能够实现工业网络中 PLC 的基本配置与管理,实现工业网络项目的真实再现。

//////// 练习题 ////////

1.练习 SIMATIC NET 的基本配置。

2.练习 PROFINET 的安装与配置。

3.练习博途软件的安装与基本操作。

第4章

工业交换机的配置与管理

工业交换机也称作工业以太网交换机,是应用于工业控制领域的以太网交换机设备。工业交换机具有电信级性能特征,可耐受严苛的工作环境,产品系列丰富,端口配置灵活,可满足各种工业领域的使用需求。

4.1 工业交换机概述

工业以太网交换机专门为满足灵活多变的工业应用需求而设计,提供一种高性价比工业以太网通信解决方案,而其组网方式更是重点关注环路设计。环路有单环和多环的区别,同时亦有在 STP 和 RSTP 基础上,各个厂家设计的私有环路协议,如 RingOn、RingOpen 开环、FRP 环、Turbo 环等。

工业交换机的管理与维护一般可以通过 RS-232 串行口(或并行口)、Web 和网络管理软件管理三种方式进行。

1.串行口管理

利用串行口管理交换机,首先是连接设备。把串行口电缆的一端插在交换机背面的串行口里,另一端插在普通计算机的串行口里;其次是接通电源:交换机和计算机的电源均需要接通。然后进行参数设置。打开"超级终端",进行相关必要参数的设定;最后实现串口的管理。这种方式并不占用交换机的带宽,因此也称其为"带外管理"。

2.Web 管理

通过 Web 管理交换机需要为交换机指定一个 IP 地址,在默认状态下,交换机没有 IP 地址,为了利用 Web 管理交换机就需要通过串口或其他方式为其指定一个 IP 地址。这个 IP 地址具有唯一的功能：供管理交换机使用。

使用 Web 管理交换机时，可以在局域网上进行，也可以实现远程管理。交换机相当于一台 Web 服务器，只是网页并不储存在硬盘里面，而是在交换机的 NVRAM 里面，通过程序可以把 NVRAM 里面的 Web 程序升级。当管理员在浏览器中输入交换机的 IP 地址时，交换机就像一台服务器一样把网页传递给电脑，此时给用户的感觉就像在访问一个网站一样。这种方式占用交换机的带宽，因此称为"带内管理"。用户管理交换机时，只要单击网页中相应的功能项，在文本框或下拉列表中改变交换机的参数就可以了。

3.网络管理软件管理

简单网络管理协议（Simple Network Management Protocol，SNMP）是一整套符合国际标准的网络设备管理规范，凡是遵循 SNMP 的设备，均可以通过网管软件来管理。交换机遵循 SNMP，用户只需要在一台网管工作站上安装一套 SNMP 网络管理软件，通过局域网就可以很方便地管理网络上的交换机、路由器、服务器等，它也是一种带内管理方式。

交换机初始设置时，一般需要通过带外管理；在设定好 IP 地址之后，就可以使用带内管理方式了。带内管理交换机数据是通过公共使用的局域网传递的，可以实现远程管理，但是安全性略差。带外管理交换机数据只在交换机和管理用机之间传递，安全性较强，但是会受到串口电缆长度的限制，不能实现远程管理。针对交换机的管理与维护的这三种方式，具体选择哪一种方式主要是从用户需求出发。

工业交换机的应用十分广泛，在行业应用方面，主要应用于煤矿安全、轨道交通、工厂自动化、水处理系统、城市安防等。

4.1.1　工业以太网设备

以太网电缆是从一个网络设备连接到另外一个网络设备传递信息的介质，是以太网网络的基本构件。以太网有线传输介质主要包括双绞线（也就是平时说的网线）、光纤和同轴电缆。在这三者中，同轴电缆由于价格比较高、性能一般而逐渐被市场所淘汰；光纤的性能非常优良，但价格过高且安装起来也比较困难，一般只应用在各项指标都要求较高的网络环境中，家庭网络很少有此应用；双绞线由其低廉的价格，简单的安装方法，良好且稳定的性能在有线网络中被广泛使用。

双绞线电缆一般分为 8 类：1 类线主要用于语音传输；2 类线由于传输频率只有 1 MHz，主要用于旧的令牌网；3 类线主要用于 10BASE-T 的网络；4 类线主要用于令牌网和 10BASE-T/100 BASE-T 网络；5 类线的传输率为 100 MHz，用于 100BASE-T 和 10BASE-T 网络，它是最常用的以太网电缆；超 5 类线主要用于千兆位以太网（1 000 Mbit/s）；6 类线的传输频率为 1～250 MHz，适用于传输速率高于 1 Gbit/s 的网络；7 类线是最新的一种非屏蔽双绞线，传输频率可达 500 MHz，传输速率为 10 Gbit/s。双绞线还分为非屏蔽和屏蔽两种。日常办公中应用最多的为 5 类非屏蔽双绞线，由于屏蔽双绞线增加了屏蔽层，因此比普通的非屏蔽双绞线更具有可靠性和稳定性。光纤光缆是新一代的传输介质，与铜质介质相比，光纤无论是在安全性、可靠性还是网络性能方面都有了很大的提高。除此之外，光纤传输的带宽大大超出铜质线缆，而且其支持的最大连接距离超过两公里,它是组建较大规模网络的必然选择。光纤光缆具有抗电磁干扰性好、保密性强、速度快、传输容量大等优点,但是它的价格也较为昂贵,因此在家用场合很少使用。由于工业生产环境中具有电磁干扰、腐蚀等特点,有时需要长距离传输,因此在工业以太网络中,通常使用的物理传输介质是屏蔽双绞线(Twisted Pair,TP)、工业屏蔽双绞线(Industrial Twisted Pair,ITP)以及光纤。工业以太网使用 8 芯和 4 芯双绞线,电缆连接方式也有两种:正线(标准 568B)和反线(标准 568A),其中正线也称为直通线,反线也称为交叉线。

工业交换机一般分为两种类型:

1.非管理型交换机(Unmanaged Switch)

非管理型交换机具有消息从一个端口到另一个端口的路由功能,能自动探测每台网络设备的网络速度。其数据的转发是基于 MAC 地址,它可以识别数据包中的 MAC 地址,并根据其内部保存的 MAC 地址表将数据发送到相应的端口(初始状态,当 MAC 地址表为空时,交换机会将数据广播到所有的端口。随着数据的发送和接受,逐步建立 MAC 地址与端口的关系,并根据实际情况及时更新)。例如,某端口收到一条带有特定识别码的消息,此后交换机就会将所有具有这种特定识别码的消息都发送到该端口。这一功能在信息传输过程中能够避免消息冲突,提高传输性能。非管理型交换机的缺点是不能实现任何形式的通信检测和冗余配置。

2.管理型交换机(Managed Switch)

管理型交换机相对非管理型交换机拥有更多、更复杂的功能,价格也较为昂贵。其提供的功能,通常可以通过基于网络的接口实现完全配置,可以自动与网络设备交互,也可以手动配置每个端口的网速和流量控制。绝大多数管理型交换机还提供了一些高级功能,如用于远程监视和配置的 SNMP(简单网络管理协议),用于网络设备成组的 VLAN(虚拟局域网),用于诊断的端口映射,用于确保优先级消息通过的优先级排列功能等。利用管理型交换机,可以组建冗余网络,每台管理型交换机开启生成树协议后能自动判断最优传输路径和备用路径,当优先路径中断时会自动阻断备用路径。

4.1.2 简单的网络配置

项目要求:某企业通过简单的网络设备配置,实现上位机与 PLC 的通信。

项目设备需求:交换机(SCALANCE XM 408)一台;PLC(S7 1200)一台;上位机(安装有 PST 软件)一台;工业以太网线缆两根。

项目的目的:了解网络配置的目的;掌握使用 PST(Primary Setup Tool)工具为交换机和 PLC 分配 IP 地址;掌握通过 WEB 界面配置交换机的方法(以 SCALANCE XM 408-8C L3 为例)。

项目实现功能:采用所给设备,依据给定网络拓扑结构,搭建简单的工业局域网,主要功能实现——利用 PST 软件通过 Web 界面配置交换机,实现简单的通信。其网络拓扑结构如图 4-1 所示。

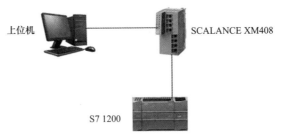

图 4-1　网络拓扑结构

首先按照网络拓扑结构搭建网络：用工业以太网线缆将上位机与 SCALANCE XM408 的 P1 端口相连，将 SCALANCE XM408 的 P2 端口与 S7 1200 的以太网接口相连，用户也可以根据个人习惯使用 SCALANCE XM408 的其他端口与上位机、S7 1200 相连。为了让上位机能够访问交换机，需要把上位机的 IP 地址设为和交换机同一个网段，具体操作如下。

第 1 步，利用控制面板打开"网络和 Internet"界面，选择"网络和共享中心"中的"查看网络状态和任务"选项，如图 4-2 所示。

图 4-2　打开"网络和 Internet"界面

第 2 步，打开"查看网络状态和任务"的界面以后，选择"更改适配器设置"选项，如图 4-3 所示。

图 4-3　"网络和共享中心"界面

第 3 步,打开"更改适配器设置"以后,选择"以太网 2"选项,右击,弹出窗口如图 4-4 所示。

图 4-4　查看"属性"界面

第 4 步,选择"属性"选项,打开"以太网 2 属性"界面,如图 4-5 所示。

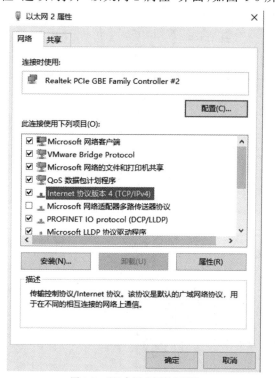

图 4-5　"以太网 2 属性"界面

第 5 步,在打开的"以太网 2 属性"界面中选择"Internet 协议版本 4(TCP/IPv4)"选项,单击"属性"按钮,弹出界面如图 4-6 所示。

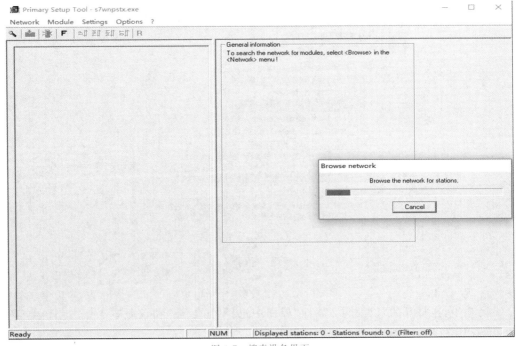

图 4-6 "Internet 协议版本 4(TCP/IPv4)属性"界面

设置正确的 IP 地址(192.168.0.120)和子网掩码(255.255.255.0)后,单击"确定"按钮,返回图 4-5 所示界面,单击"确定"按钮,完成上位机的 IP 设置。

第 6 步,接通网络电源并打开 PST 软件,单击菜单项"Network"下的子菜单"Browse",PST 软件开始搜索设备,找到设备后如图 4-7 所示。

图 4-7 搜索设备界面

第 7 步,单击"SCALANCE X-400"前的图标⊞,展开树状结构。选中"Ind.Ethernet interface"选项,在右侧界面中设置交换机的 IP 地址为 192.168.0.11(IP 地址的设置只需要和上位机在一个网段即可),子网掩码设置为 255.255.255.0。同时可以设置设备的名称,单击"Assign Name"按钮即可完成。设备的名称还可以通过"SCALANCE X-400"树状结构下的"Device name"选项查看,具体如图 4-8 所示。

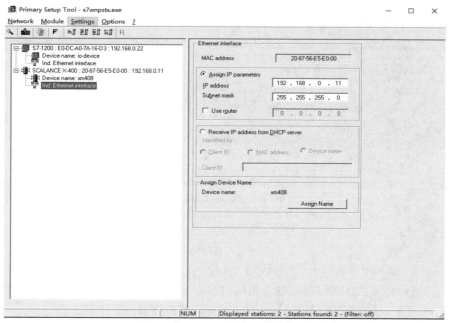

图 4-8 "SCALANCE X-400"配置界面

第 8 步,单击工具栏上的图标 ,将配置下载到对应设备中。然后进行 S7 1200 配置,具体方法与 SCALANCE X-400 的设备方法一样,如图 4-9 所示。

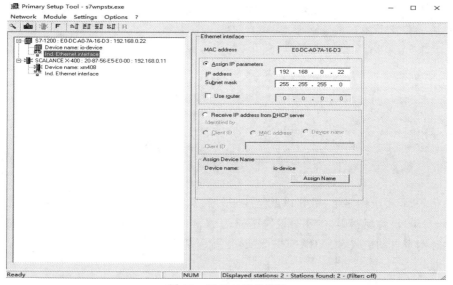

图 4-9 S7 1200 配置界面

第9步,打开浏览器,在地址栏中输入192.168.0.11,进入SCALANCE XM408的网络配置登录界面,如图4-10所示。

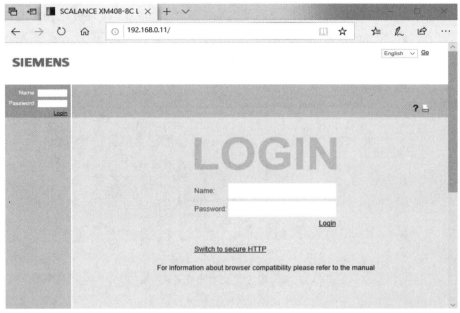

图 4-10　登录界面

第10步,输入用户名和密码(默认均为admin),首次登录会弹出提示修改密码界面,如图4-11所示。单击"OK"按钮,进入密码修改界面,如图4-12所示。

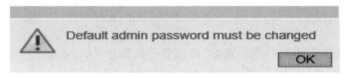

图 4-11　提示修改密码界面

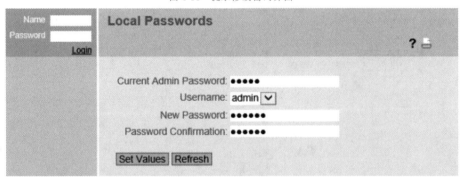

图 4-12　密码修改界面

补充:密码要求由字母、数字以及至少一种特殊字符组成,以增加设备的安全性。

第11步,设置新密码(本实验设置密码为A_123456),单击"Set Values"按钮保存密码。此时网页自动进入SCALANCE XM408配置界面,如图4-13所示。

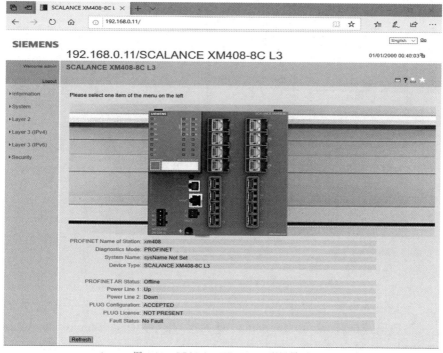

图 4-13　SCALANCE XM408 配置界面

SCALANCE XM408 配置界面包含 6 个部分，即"Information""System""Layer2"
"Layer 3（IPv4）""Layer 3（IPv6）""Security"。单击这 6 个部分任意一项下面的条目，在
配置界面的右上方会出现一个问号图标**?**，单击问号图标将弹出对该条目的帮助界面，如
图 4-14 所示。单击 SCALANCE XM408 右上角的图标 ▦ ，将弹出 SCALANCE XM408
模块指示灯监视界面，如图 4-15 所示。

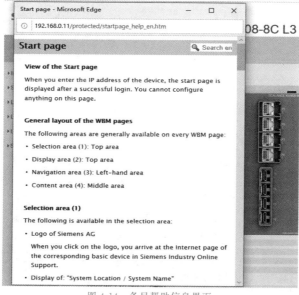

图 4-14　条目帮助信息界面

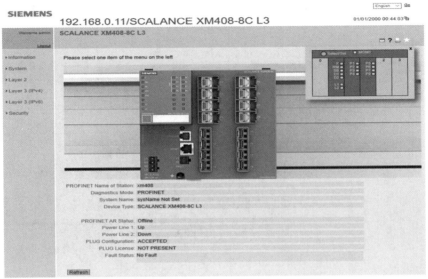

图 4-15　SCALANCE XM408 模块指示灯监视界面

第 12 步，在网络配置界面的左侧列表中，选中"Layer 2"目录树下的"Ring Redundancy"选项。在"Ring Redundancy"界面中，选中"Ring Redundancy"复选框；在"Ring Redundancy Mode"的下拉列表中选择"HRP Client"选项；然后配置在冗余环中使用的"Ring Ports"（本项目选择 P1.4 和 P1.8）。如图 4-16 所示。

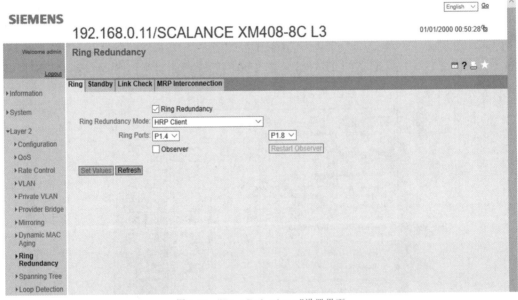

图 4-16　"Ring Redundancy"设置界面

注意：第一次对该交换机进行配置，在勾选"Ring Redundancy"复选框时，会弹出提示界面，如图 4-17 所示。这是因为交换机在出厂时会默认将"Spanning Tree"选中。此时，需要进入"Layer2"目录树下的"Spanning Tree"界面。在此界面勾选"Spanning Tree"复选框，单击"Set Values"按钮。如图 4-18 所示。

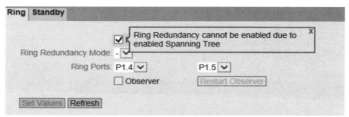

图 4-17　初始配置交换机提示界面

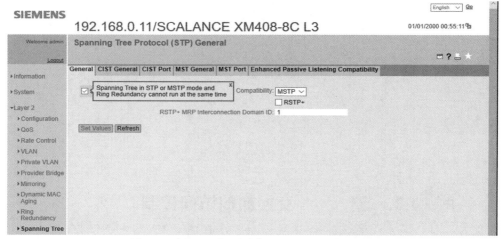

图 4-18　为实现环形冗余功能 Spanning Tree 设置界面

第 13 步,配置好 SCALANCE XM408 的环形冗余参数后,单击"Set Values"按钮。

此时,单击 SCALANCE XM408 右上角的图标 ,在弹出的 SCALANCE XM408 模块指示灯监视界面中可以看到"RM"指示灯为绿色快闪状态,如图 4-19 所示,同时可以看到实际的 SCALANCE XM408 模块的 RM 指示灯也为绿色快闪状态,说明将 SCALANCE XM408 设置为环形冗余管理器的配置过程成功。

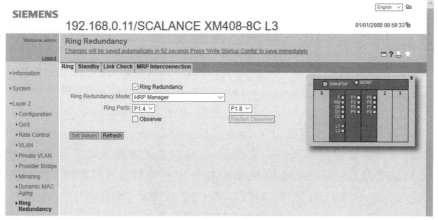

图 4-19　验证配置成功界面

此外,在该界面用户还可以通过选择"Security"目录树下的"Passwords"选项来进行密码的修改,设置完新密码以后,单击"Set Value"按钮,使设置生效,如图 4-20 所示。

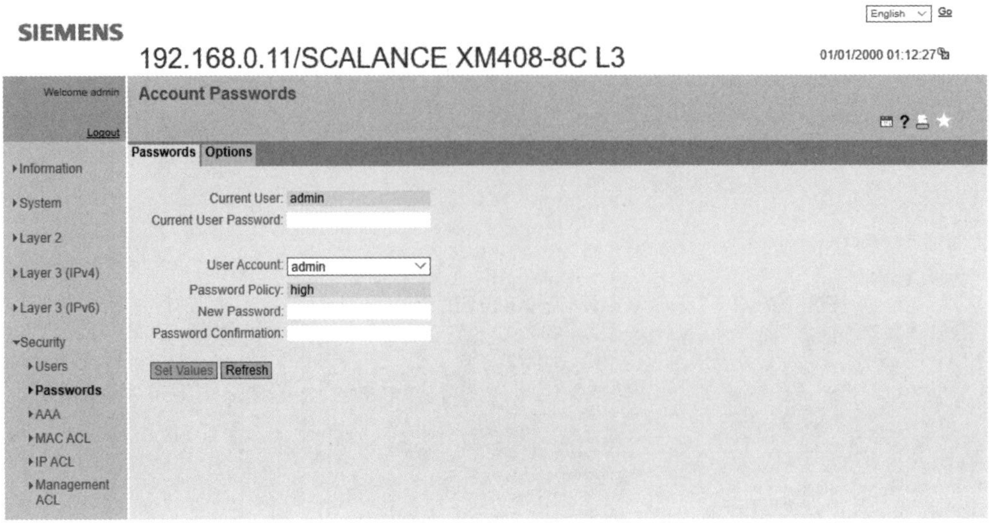

图 4-20　密码修改界面

4.2　交换机的访问控制

工业以太网可以将现场层与企业管理层连接起来,但同时也给生产现场带来了网络安全隐患。提高网络安全性较为常规的做法之一就是为工业以太网交换机配置口令和设置访问控制策略。

访问控制列表(Access Control List,ACL)是包过滤技术的核心内容,通过获取 IP 数据包的包头信息,包括 IP 层所承载的上层协议的协议号,数据包的源地址、目的地址、源端口号和目的端口号等,然后与设定的规则进行比较,根据比较的结果对数据包进行转发或者丢弃,达到提高网络安全性能的目的。访问控制列表可以应用在交换机、路由器和防火墙上。

项目要求:某企业为了加强内部局域网内的网络安全防护,要求管理员利用访问控制列表实现可靠性的保证。

项目设备:交换机 SCALANCE XM408 一台;PLC(S7 1200),分别标记为 S7 1200A 和 S7 1200B)两台;工业以太网线缆两条;上位机一台。

项目目的:理解访问控制列表的工作原理;掌握修改交换机口令的方法;掌握基于 MAC 的端口访问控制列表的配置方法;掌握基于 IP 的端口访问控制列表的配置方法。

项目实现功能:某工厂两个 PLC(S7 1200A、S7 1200B),要求 S7 1200A 通过 P3 端口与上位机通信,S7 1200B 通过 P5 端口与上位机通信,其他设备均不可通过 P3、P5 端口访问上位机。利用给定设备按照网络拓扑结构进行网络搭建,通过 PST 软件为 SCALANCE XM408、S7 1200A 和 S7 1200B 分配 IP 地址;通过 WEB 界面,对 SCALANCE XM408 进行访问控制设置并进行验证。其网络拓扑结构如图 4-21 所示。

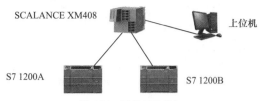

图 4-21 网络拓扑结构

为实现项目的功能,可以通过 MAC 地址和 IP 地址设定访问控制列表来实现。

4.2.1 基于 MAC 地址的端口访问控制列表配置

基于 MAC 地址进行访问控制列表的设定来实现对网络的访问控制,在一定程度上可以提升网络的安全性,其具体操作如下:

第 1 步,按照网络拓扑结构,将 SCALANCE XM408、S7 1200A 和 S7 1200B 安装到导轨上。并用工业以太网线缆将上位机与 SCALANCE XM408 的 P1 端口相连,将 SCALANCE XM408 的 P3 端口与 S7 1200A 的以太网接口相连,将 SCALANCE XM408 的 P5 端口与 S7 1200B 的以太网接口相连,并接通电源。

补充:项目的实现可以使用 SCALANCE XM408 中除用于 VLAN 划分的其他端口与上位机和 S7 1200 相连。

第 2 步,将上位机的 IP 地址配置为 192.168.0.120,利用 PST 工具将 SCALANCE XM408 的 IP 地址配置为 192.168.0.11,将 S7 1200A 的 IP 地址配置为 192.168.0.21,将 S7 1200B 的 IP 地址配置为 192.168.0.22。

第 3 步,在上位机中打开浏览器,输入 IP 地址 192.168.0.11,通过 Web 打开 SCALANCE XM408,选择"Security"目录树下的"MAC ACL"选项,进入"MAC Access Control List Configuration"界面,如图 4-22 所示。

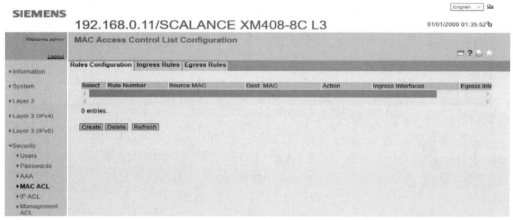

图 4-22 "MAC ACL"设置界面

第 4 步,单击"Create"按钮三次,会产生三条默认规则。对这三条规则进行修改后,单击"Set Values"按钮,界面显示如图 4-23 所示。

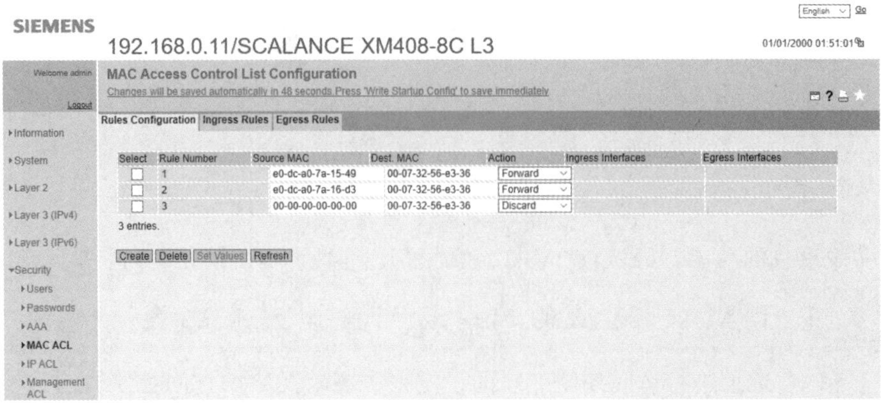

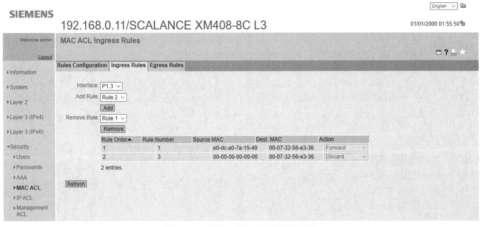

图 4-23　ACL 设定界面

补充：

（1）"e0-dc-a0-7a-15-49"是 S7 1200A 的 MAC 地址，"e0-dc-a0-7a-16-d3"是 S7 1200B 的 MAC 地址，"00-07-32-56-e3-36"是上位机的 MAC 地址。这三个 MAC 地址并不是固定的，在实际操作中需要根据所使用的上位机和 S7 1200 的 MAC 地址来进行配置。

（2）"Action"栏的下拉列表中有两个可选值"Forword"和"Discard"。"Forward"表示如果报文（Frame）不满足 ACL 规则，则报文通过；"Discard"表示如果报文（Frame）不满足 ACL 规则，则报文不能通过。

第 5 步，在"MAC Access Control List Configuration"界面中选择"Ingress Rules"选项，进入对具体端口进行入站（ingress）配置界面，在"Interface"下拉列表中选择"P1.3"，在"Add Rule"下拉列表中选择"Rule 1"，然后单击"Add"按钮，接着在"Add Rule"下拉列表中选择"Rule 3"，然后单击"Add"按钮，P3 端口设定规则的结果如图 4-24 所示。

图 4-24　对 P3 端口进行配置界面

补充：上述规则的设置表示只有 S7 1200A 能通过 P3 端口访问上位机，具有其他 MAC 地址的设备均不能通过 P3 端口访问上位机。

第 6 步，以同样方法，将"Rule2"和"Rule3"添加到 P5 端口中，其规则设定含义与 P3 端口一样，如图 4-25 所示。

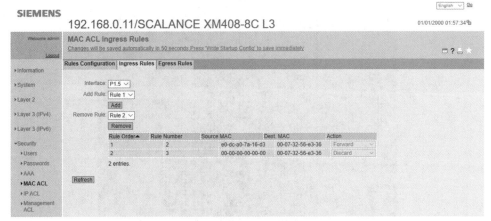

图 4-25　对 P5 端口进行配置界面

第 7 步,验证通信效果。

(1)正常通信:上位机能够访问到两个 S7 1200,且两个 S7 1200 均能通过设置的端口 ACL 规则将数据包返回给上位机。在上位机的"命令提示符"环境中,分别输入指令 "ping 192.168.0.21"和"ping 192.168.0.22",结果如图 4-26 所示。

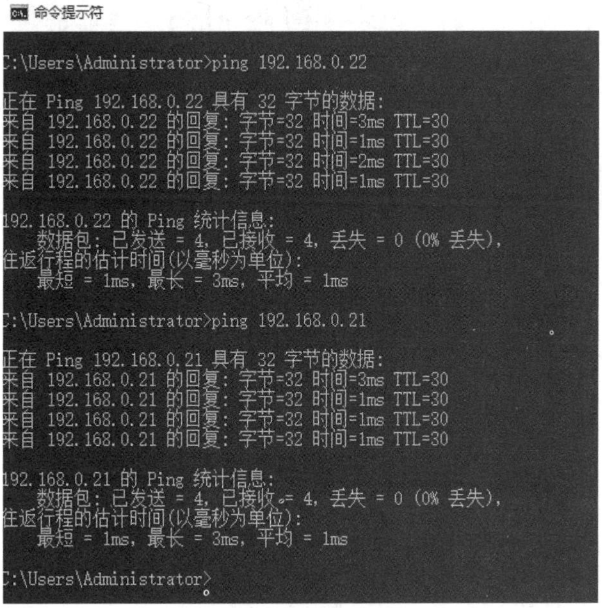

图 4-26　正常通信界面(1)

(2)非正常通信:P3 端口禁止从 S7 1200B 发出的数据包通过 P3 端口传输到上位机, 而 P5 端口禁止从 S7 1200A 发出的数据包通过 P5 端口传输到上位机。

将原来与 S7 1200A 和 S7 1200B 连接的两根线缆互换,在上位机的"命令提示符"环 境中,分别输入指令"ping 192.168.0.21"和"ping 192.168.0.22",结果如图 4-27 所示。

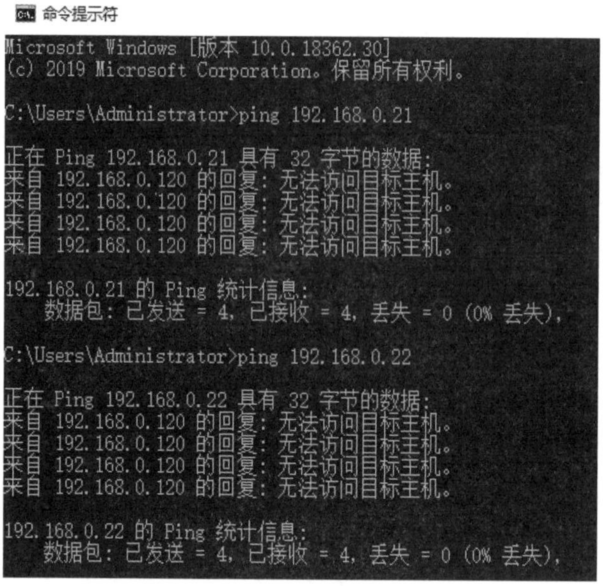

图 4-27   非正常通信界面(1)

4.2.2   基于 IP 地址的端口访问控制列表配置

配置交换机的访问控制列表除了利用 MAC 地址,也可以使用 IP 地址进行配置,具体操作如下:

第 1 步,在 SCALANCE XM408 的 Web 配置界面中,选择"Security"目录树下的"IP ACL"选项,进入"IP Access Control List Configuration"界面,单击"Create"按钮七次,产生 7 条默认规则。如图 4-28 所示。

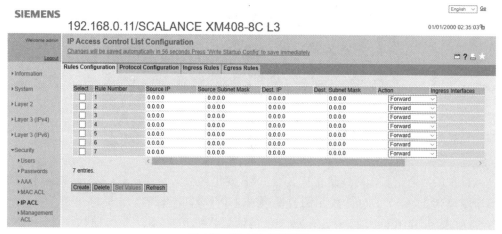

图 4-28   IP ACL 配置界面

第 2 步,对这 7 条规则进行修改,单击"Set Values"按钮使设置生效,其结果如图4-29所示。

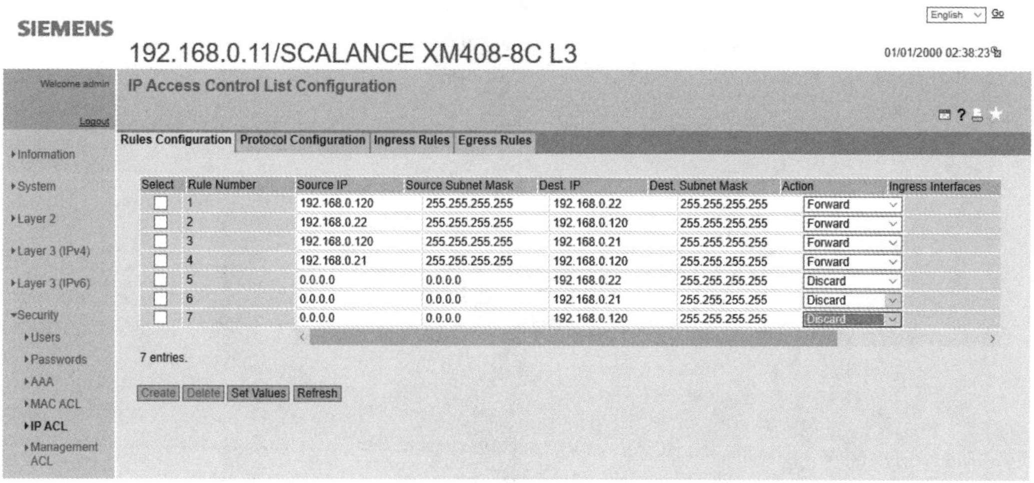

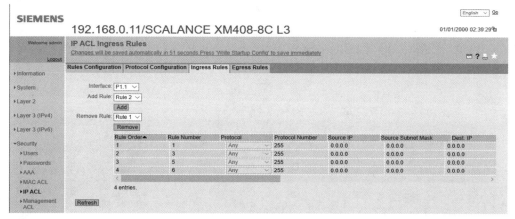

图 4-29　ACL 的设置

补充：

(1)"192.168.0.120"是上位机的 IP 地址，"192.168.0.21"是 S7 1200A 的 IP 地址，"192.168.0.22"是 S7 1200B 的 IP 地址。

(2)为了能够针对单一特定 IP 进行访问控制，子网掩码需要设置为 255.255.255.255。

(3)规则中的"Source IP"为"0.0.0.0"，"Source Subnet Mask"为"0.0.0.0"代表任意网段的任意 IP 地址。

第 3 步，在"IP Access Control List Configuration"界面中选择"Ingress Rules"标签，在该界面下对具体端口进行"入站(Ingress)"配置。首先在"Interface"下拉列表中选择"P1.1"，在"Add Rule"下拉列表中选择"Rule 1"，然后单击"Add"按钮；接着以同样的操作方式添加"Rule 3"和"Rule 5"，其结果如图 4-30 所示。

图 4-30　P1.1 接口的 ACL 设计界面

补充：若在使用过程中某些规则设定不合适，用户可以选中该规则，单击"Remove"按钮进行删除。

第 4 步，在"Interface"下拉列表中选择"P1.3"，在"Add Rule"下拉列表中选择"Rule 2"，然后单击"Add"按钮；同样的操作继续添加"Rule 7"，其结果如图 4-31 所示。

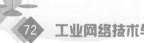

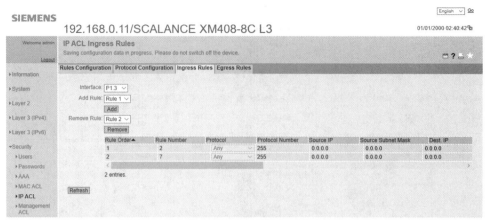

图 4-31　P1.3 接口 ACL 的设置界面

第 5 步,在"Interface"下拉列表中选择"P1.5",在"Add Rule"下拉列表中选择"Rule 4",然后单击"Add"按钮;同样的操作继续添加"Rule 7",其结果如图 4-32 所示。

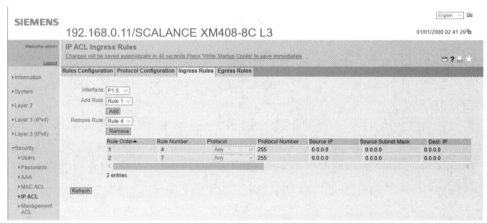

图 4-32　P1.5 ACL 配置界面

第 6 步,单击"Rules Configuration"标签,查看 P1、P3 和 P5 端口的 ACL 配置,其结果如图 4-33 所示。

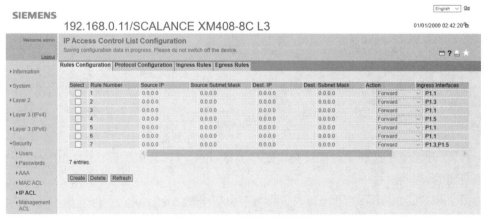

图 4-33　端口规则查看界面

补充：

（1）第1条和第5条规则暗示：源 IP 地址为 192.168.0.120，目标 IP 地址为 192.168.0. 21 的报文能够通过 P1 端口进入 XM408 交换机，而源 IP 地址为其他任意网段的任意 IP 地址，目标 IP 地址为 192.168.0.21 的报文均不能通过 P1 端口进入 XM408。

（2）第3条和第6条规则暗示：源 IP 地址为 192.168.0.100，目标 IP 地址为 192.168.0. 22 的报文能够通过 P1 端口进入 XM408 交换机，而源 IP 地址为其他任意网段的任意 IP 地址，目标 IP 地址为 192.168.0.22 的报文均不能通过 P1 端口进入 XM408。

（3）第2条和第7条规则暗示：源 IP 地址为 192.168.0.21，目标 IP 地址为 192.168.0. 100 的报文能够通过 P3 端口进入 XM408 交换机，而源 IP 地址为其他任意网段的任意 IP 地址，目标 IP 地址为 192.168.0.100 的报文均不能通过 P3 端口进入 XM408。

（4）第4条和第7条规则暗示：源 IP 地址为 192.168.0.22，目标 IP 地址为 192.168.0. 100 的报文能够通过 P5 端口进入 XM408 交换机，而源 IP 地址为其他任意网段的任意 IP 地址，目标 IP 地址为 192.168.0.100 的报文均不能通过 P5 端口进入 XM408。

第7步，除 P1、P3 和 P5 端口之外的以太网端口禁用，即不允许其他端口进出报文，以便使网络更加安全。配置完成后的界面如图 4-34 所示。

图 4-34　端口配置界面

第8步，验证通信效果。

（1）正常通信：上位机与 S7 1200A 和 S7 1200B 的双向通信数据包满足 P1、P3、P5 的 ACL 规则，其结果如图 4-35 所示。

图 4-35　正常通信界面（2）

（2）非正常通信：P3、P5 两个端口网线互换；修改上位机的 IP 地址（除 192.168.0.120 之外的同一网段 IP 地址）；禁用除 P1、P3 和 P5 端口外的所有端口，其结果如图 4-36 所示。

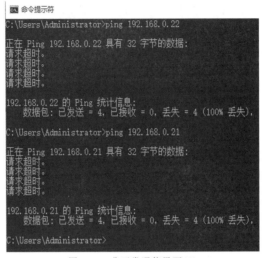

图 4-36　非正常通信界面（2）

4.3　搭建虚拟局域网

以太网是一种基于 CSMA/CD（Carrier Sense Multiple Access/Collision Detect，载波侦听多路访问/冲突检测）的共享通信介质的数据网络通信技术，当主机数目较多时会导致冲突严重、广播泛滥、性能显著下降甚至网络不可用等问题。通过交换机实现 LAN 互联虽然可以解决冲突严重的问题，但是仍然不能隔离广播报文。在这种情况下出现了虚拟局域网（Virtual Local Area Network，VLAN）技术。

VLAN 是把一个物理网络划分成为多个逻辑工作组的逻辑网段。这种技术可以把一个 LAN 划分成多个逻辑的 LAN——VLAN，每个 VLAN 是一个广播域，VLAN 内的设备间通信就和在一个 LAN 内一样，广播报文被限制在一个 VLAN 内。而属于不同 VLAN 的设备之间不能直接相互访问，它们之间的通信依赖于路由。VLAN 的主要作用如下：

（1）限制广播域：广播域被限制在一个 VLAN 内，节省了带宽，提高了网络处理能力。

（2）增强局域网的安全性：不同 VLAN 内的报文在传输时是相互隔离的，即一个 VLAN 内的用户不能和其他 VLAN 内的用户直接通信。

（3）提高了网络的健壮性：故障被限制在一个 VLAN 内，本 VLAN 内的故障不会影响其他 VLAN 的正常工作。

（4）灵活构建虚拟工作组：用 VLAN 可以划分不同的用户到不同的工作组，同一工作组的用户也不必局限于某一固定的物理范围，网络构建和维护更方便灵活。

VLAN 在 IEEE 802.1Q 标准中定义,其中包括以下几点:

(1)基于端口的 VLAN(第二层)。

(2)基于 MAC 地址的 VLAN(第二层)。

(3)基于 IP 地址的 VLAN(第三层)。

一个规模较大的工业企业控制系统,包括管理层、控制层和设备层,为保证对不同系统管理与控制的方便性和安全性以及整体网络运行的稳定性,通常采用 VLAN 技术进行虚拟网络划分,如在工业控制系统内部将各个生产车间和指挥调度中心划分 VLAN,通过配置路由,可以使各个生产车间和指挥调度中心之间互联互通。

基于以太网的 VLAN 技术的应用能够很好地完成工业控制生产中实时性与安全可靠性要求的有机统一。

项目要求:利用 VLAN 实现某工厂中各个车间之间信息互联互通的约束,以达到工业控制生产中实时性和安全性的有机统一。

项目设备:交换机(SCALANCE XM408)两台;PLC(S7 1200)两台;上位机(安装有 PST 软件)一台;工业以太网线缆四根。

项目目的:了解 VLAN 的配置方法;掌握基于 VLAN 的通信设置与测试。

项目功能:根据工厂的工作需求搭建网络拓扑结构,并利用 VLAN 进行虚拟局域网的划分,以实现不同车间的禁止通信。具体网络拓扑结构如图 4-37 所示。

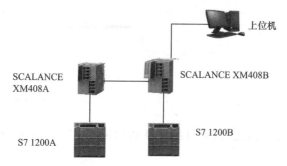

图 4-37 项目三网络拓扑结构

项目操作步骤如下:

第 1 步,为上位机配置 IP 地址(192.168.0.120)和子网掩码(255.255.255.0)。

第 2 步,利用 PST 软件工具为 SCALANCE XM408A 和 SCALANCE XM408B 配置 IP 地址(分别为 192.168.0.11 和 192.168.0.12)和子网掩码(均为 255.255.255.0)。

补充:操作过程中一定要注意设置完后单击图标 ,使设置生效。

第 3 步,利用博途软件为 S7 1200A 和 S7 1200B 配置 IP 地址(分别为 192.168.0.21 和 19.168.0.22)和子网掩码(均为 255.255.255.0)。

第 4 步,按照网络拓扑结构将上位机与 SCALANCE XM408A 以及 S7 1200A 连接,在浏览器中输入 SCALANCE XM408A 的 IP 地址为 192.168.0.11。在登录界面输入用户名和密码,进入配置界面。在配置界面左侧"Layer2"目录树下选择"VLAN"选项,进入 VLAN 配置界面,如图 4-38 所示。

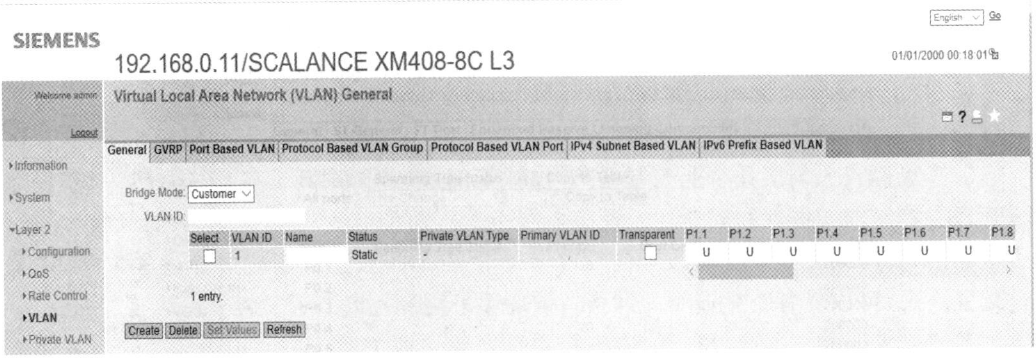

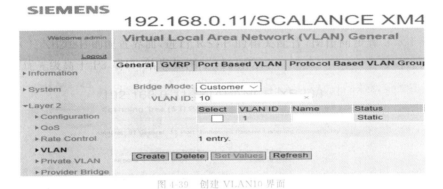

图 4-38　VLAN 设置界面

第 5 步，在"VLAN ID"编辑框中输入 10，即创建 VLAN 10，然后单击"Create"按钮，如图 4-39 所示。

图 4-39　创建 VLAN10 界面

第 6 步，在表格 VLAN ID＝10 的行中，在"P1.4"标题栏下单击弹出列表，在弹出的列表中选择"u"，单击"Set Values"按钮。如图 4-40 所示。

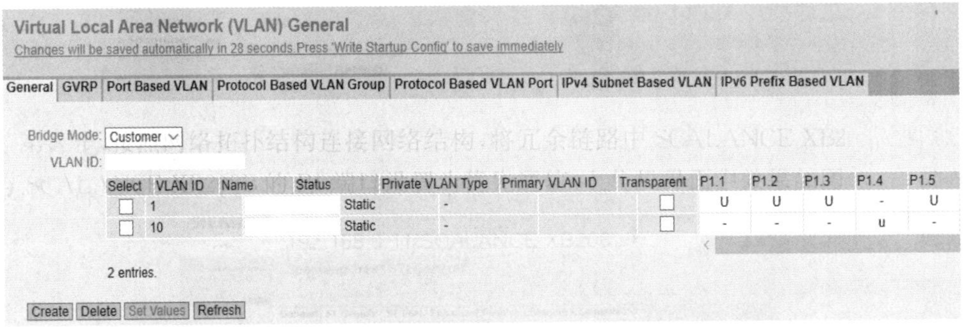

图 4-40　为 VLAN10 分配端口界面

补充：连接到终端设备的端口必须设置不含 VLAN Tag，由于一般终端设备不能解释带 VLAN Tag 的帧，因此把连接到终端设备的端口设置为"U"。

第 7 步，将 SCALANCE XM408 的 P1.4 端口分配给 VLAN 10。在 VLAN 配置界面中，单击"Port Based VLAN"页签，在页面的表格中找到"P1.4"行，在该行的"Port VID"栏下，单击向下箭头弹出选项列表，在弹出的列表中选择"VLAN 10"选项，如图 4-41 所示。

192.168.0.11/SCALANCE XM408-8C L3

Port Based Virtual Local Area Network (VLAN) Configuration

| General | GVRP | Port Based VLAN | Protocol Based VLAN Group | Protocol Based VLAN Port | IPv4 Subnet B: |

	Priority	Port VID	Acceptable Frames		Ingress Filtering
All ports	No Change ∨	No Change ∨	No Change		No Change ∨

Port	Priority	Port VID	Acceptable Frames		Ingress Filtering
P1.1	0 ∨	VLAN1 ∨	All	∨	☐
P1.2	0 ∨	VLAN1 ∨	All	∨	☐
P1.3	0 ∨	VLAN1 ∨	All	∨	☐
P1.4	0 ∨	VLAN1	All	∨	☐
P1.5	0 ∨	VLAN10	All	∨	☐

图 4-41　为端口 4 分配 VLAN

第 8 步,设置 Trunk 端口。单击 VLAN 配置界面的"General"页签,在 VLAN ID＝10 的行中,在"P1.5"标题栏下单击弹出选项列表,在弹出的选项列表中选择"M"选项,然后单击"Set Values"按钮,如图 4-42 所示。

Virtual Local Area Network (VLAN) General
Saving configuration data in progress. Please do not switch off the device.

| General | GVRP | Port Based VLAN | Protocol Based VLAN Group | Protocol Based VLAN Port | IPv4 Subnet Based VLAN | IPv6 Prefix Based VLAN |

Bridge Mode: Customer ∨
VLAN ID:

Select	VLAN ID	Name	Status	Private VLAN Type	Primary VLAN ID	Transparent	P1.1	P1.2	P1.3	P1.4	P1.5
☐	1		Static	-		☐	U	U	U	-	-
☐	10		Static	-		☐	-	-	-	U	M ∨

2 entries.

[Create] [Delete] [Set Values] [Refresh]

图 4-42　为端口 5 配置 Trunk 端口界面

补充:交换机到交换机的 VLAN 连接(主干连接 Trunk)必须含有 VLAN Tag。为此需要将交换机的用于主干连接的端口,针对该交换机所拥有的不同 VLAN ID 分别设置为 M。

第 9 步,在浏览器中输入 SCALANCE XM408B 的 IP 地址为 192.168.0.12。在打开的登录界面输入用户名和密码后,进入配置界面。在配置界面左侧"Layer2"目录树下选择"VLAN"选项,进入 VLAN 配置界面,如图 4-43 所示。

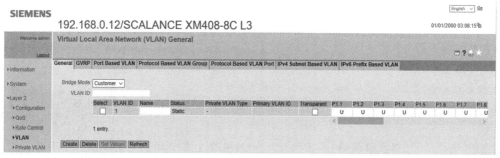

图 4-43　SCALANCE XM408B 的 VLAN 配置初始界面

第 10 步,在"VLAN ID"编辑框中输入 10,单击"Create"按钮,即创建 VLAN 10。在 VLAN ID＝10 的行中,在"P1.5"标题栏下单击弹出选项列表,在弹出的选项列表中选择"u",然后单击"Set Values"按钮。同理,创建 VLAN 11,然后在"P1.4"标题栏下单击弹出选项列表,在弹出的选项列表中选择"u",结果显示如图 4-44 所示。

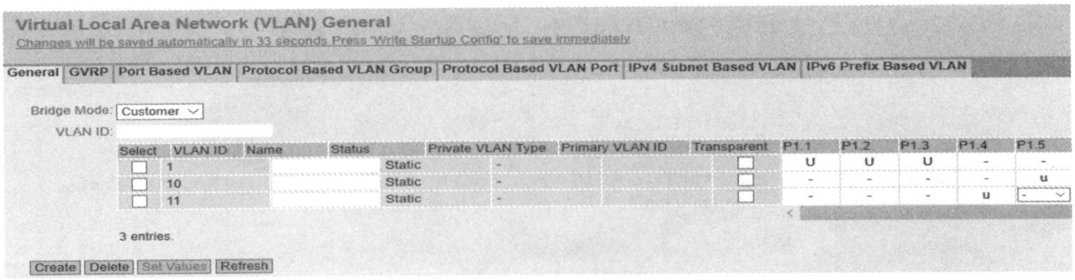

图 4-44　SCALANCE XM408B 的 VLAN 配置界面

第 11 步,在 VLAN 配置界面中,单击"Port Based VLAN"页签,在页面的表格中找到"P1.5"行,在该行的"Port VID"栏下,单击向下箭头弹出下拉选项列表,在弹出的选项列表中选择"VLAN 10"选项,即将 SCALANCE XM408B 的 P1.5 端口分配给 VLAN 10。同理,将端口 P1.4 设置为属于 VLAN 11,然后单击"Set Values"按钮,结果如图 4-45 所示。

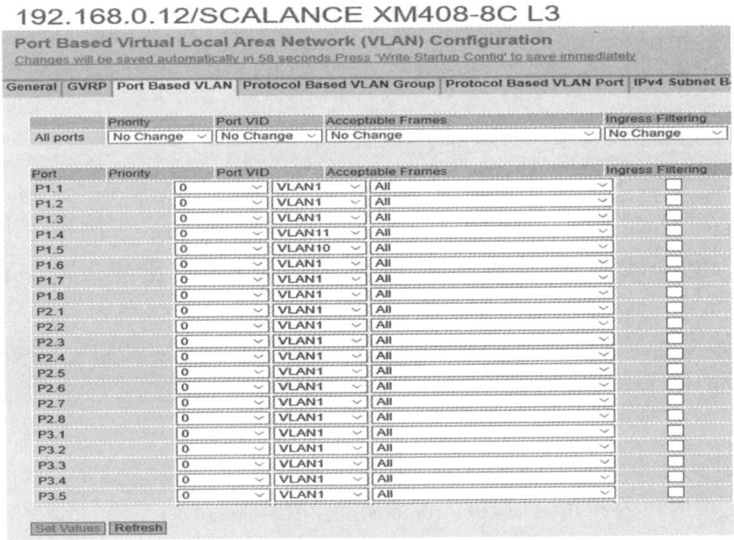

图 4-45　端口分配 VLAN 界面

第 12 步,设置 Trunk 端口的配置界面。单击 VLAN 配置界面的"General"页签,在 VLAN ID＝10 的行中,在"P1.2"标题栏下单击弹出选项列表,在弹出的选项列表中选择"M"选项。同理,在 VLAN ID＝11 的行中,在"P1.2"标题栏下单击弹出选项列表,在弹出的选项列表中选择"M"选项,然后单击"Set Values"按钮,结果如图 4-46 所示。

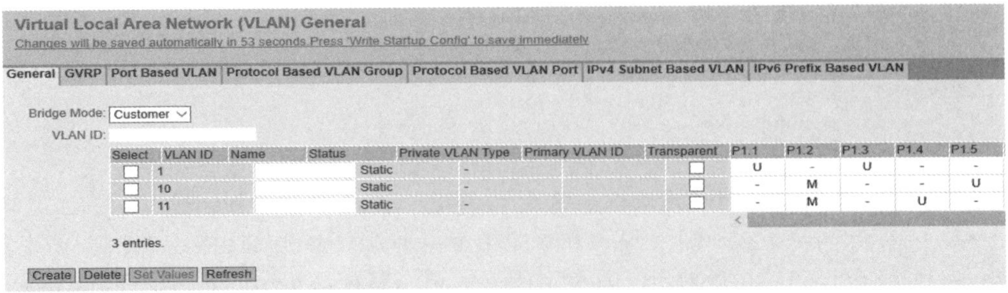

图 4-46　Trunk 端口的配置界面

第 13 步,验证通信效果。

(1)在上位机的"命令提示符"环境中输入指令"ping 192.168.0.21",结果如图 4-47 所示。

由于上位机通过 XM408 的 P5 端口与其连接,S7 1200A 通过 XM408A 的 P4 端口与其连接,因此上位机和 S7 1200 都属于 VLAN 10,因此由上位机发出的报文能够到达该 S7 1200,并且上位机能够收到该 S7 1200 回复的报文。

(2)在上位机的"命令提示符"环境中输入指令"ping 192.168.0.22",结果如图 4-48 所示。

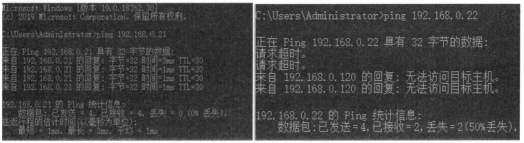

图 4-47　VLAN10 间的通信　　　　　　图 4-48　VLAN11 间的通信

由于上位机属于 VLAN 10,而 S7 1200B 属于 VLAN 11(因其与 XM408B 的 P4 端口连接),两个设备属于不同的广播域(虽然上位机与该 S7 1200 都与 XM408B 连接),因此该 S7 1200 无法收到来自上位机的报文,更不可能对来自上位机的报文进行处理和回复。

4.4　搭建冗余网络

航空、金融、铁路、证券、邮政等行业以及一些企业用户对网络都有实时性的需求,因此这类网络是不允许出现故障的,一旦出现故障,将可能带来巨大的经济损失。保障网络可靠运行的策略之一就是网络冗余,其主要功能是减少网络意外中断的风险,通过即时响应以保证生产的连续性,从而有效降低关键数据流上任意一点失效所带来的影响。

交换机是位于 OSI 参考模型中第 2 层(数据链路层)的设备,可以识别数据包中的 MAC 地址信息,并根据 MAC 地址转发数据包,将这些 MAC 地址与对应的端口记录在自身内部的一个地址表中,其具体工作流程如下:

(1)交换机从端口接收数据包,当数据包从某一个端口到达交换机时,交换机先读取数据包头部中的源 MAC 地址,从而获知源 MAC 地址的设备连接在交换机的哪个端口上。

(2)交换机读取数据包头部中的目的 MAC 地址,并在交换机中维护地址表,交换机从地址表中查找 MAC 地址对应的端口,从而获知应将数据包从哪个端口转发出去。

(3)如果在地址表中有与目的 MAC 地址对应的端口,则交换机会把数据包直接发送到该端口上完成数据传输。

（4）如果在地址表中找不到对应的端口，交换机就把数据包广播到所有端口上，若目的设备收到广播包并做出回应，交换机将记录这一目的 MAC 地址与哪个端口对应，在下次传送数据时则不再需要对所有端口进行广播。交换机不断循环此过程，即可学习全网的 MAC 地址信息。

在大型网络中一般通过二层和三层多条链路实现冗余，这种链路级冗余可以实现多条链路之间的备份、流量分担和环路避免。在二层链路中实现冗余常用的方法为生成树协议，该协议是一种纯二层协议，通过在交换网络中建立一个最佳的树型拓扑结构实现两个重要的功能：环路避免和冗余。但是纯粹的生成树协议在实际应用中并不多，主要是其明显的缺陷：收敛慢，浪费冗余链路的带宽，作为 STP 的升级版本 RSTP 解决了收敛慢的问题，但是仍然不能有效利用冗余链路做负载分担。

另一种常用方法是热备冗余，即一条网络是主侧，另一条网络实时监视主侧网络状态，主侧故障在毫秒级的切换时间里切至从侧。热备冗余的不足主要包括以下几点：

（1）维护较复杂。

（2）设备要求高，网络环境稳定性要求高。

（3）若热备份不成功，则所得结果不可用。

在工业网络中对可用性要求会更加严格一些，环网冗余是提高网络可用性的重要手段。环形工业以太网技术是基于以太网发展起来的，继承了以太网速度快、成本低的优点，同时为网络上的数据传输提供了一条冗余链路，提高了网络的可用性。将各台交换机通过冗余环口依次连接，即构成了环形网络结构。其中一个交换机作为冗余管理器 RM，管理冗余环网。

在一个环网中，只能有一台交换机设置成冗余管理器。冗余管理器 RM 通过发送监测帧监控网络链路状态，在网络正常的情况下，RM 的其中的一个冗余环口会处于逻辑断开状态，这样整个网络在逻辑结构上将保持一种线型结构，避免广播风暴（当网络中存在环路，就会造成每一帧都在网络中重复广播，引起广播风暴）。冗余管理器会监控网络状态，当网络上的连接线断开或交换机发生故障时，它会通过连通一个替代路径恢复成另外一种逻辑上的线型结构。如果故障被消除，网络逻辑结构会恢复原有的线型结构。环网可以是电气环网也可以是光纤环网，也可以是电气和光纤混合的环网。

4.4.1 MRP

介质冗余协议（Media Redundancy Protocol，MRP）是一个支持 IEC 组织制定的 IEC 62439-2 标准的数据网络协议，它允许以太网交换机成环状连接，以在发生单点故障时获得比生成树协议更快的恢复时间，它适用于大多数工业以太网应用场合。该协议通过链路冗余协议，实现多出口间的负载均衡和备份，正常时可以充分利用链路资源，同时任何一条链路的故障瘫痪不会影响网络的正常通信。

介质冗余网络结构具有如下优点：

（1）介质冗余网络结构显著提高了设备的可用性，因为单个设备的故障对通信没有影响。

(2)所需要的维修工作可以在没有任何时间压力的情况下进行,因为维修过程中工厂不需要停机。

(3)在发生网络故障时,可以进行快速的网络诊断并加快故障排除。

(4)一旦发生故障,由于生产停顿而造成的成本就会降低。

组态 MRP 环网规则如下:

(1)所有环节点必须支持 MRP,并且必须启用 MRP 协议。

(2)所有设备必须通过环网端口进行互连。

(3)环网中的所有设备属于同一冗余域。

(4)在一个环网中,最多可连接 50 台设备,否则重组时间会超过 200 ms。

(5)环网中的某个设备可用作冗余管理器,其他设备均为冗余客户端。

(6)环内的所有伙伴端口均具有相同的设置。

MRP 支持基于状态自动探测的双机热备。当主系统发生故障或对应线路发生网络故障时,备份机可自动检测并切换到主状态,接管主系统的工作,切换时间小于 1 s。同时,基于国内首创的"状态增量同步"技术,解决了主从设备之间状态一致性问题,在保证不损失状态检测的安全性的同时,保证了系统切换期间会话不会中断。

MRP 支持主动负载均衡、会话保护和接管以及主动配置同步等功能,不但可以在集群和双机中实现配置的同步,简化用户的管理负担,并且基于"状态增量同步"技术实现业务在多台设备之间的平滑任意分布和切换,解决采用 VRRP 协议和动态路由协议带来的"业务续断"问题,在透明、路由、混合等多种工作模式下实现负载均衡,最多可以支持 2~8 台设备的集群,下面以案例说明 MRP 链路的工作状况。

项目要求:利用 VLAN 实现某工厂中各个车间之间信息互联互通的约束,以达到工业控制生产中实时性和安全性的有机统一。

项目设备:交换机(SCALANCE XM408)一台;交换机(SCALANCE XB208)两台;PLC(S7 1200)一台;上位机(安装有 PST 软件)一台;工业以太网线缆五根。

项目目的:理解冗余网络的工作原理;掌握单环冗余网络的配置以及测试方法。

项目功能:根据工厂的工作需求搭建网络拓扑结构,并利用单环冗余实现网络通信,增强网络可靠性。具体网络拓扑结构如图 4-49 所示。

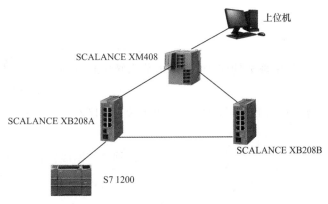

图 4-49　单环冗余网络拓扑结构

利用给定的设备,依据给定的网络拓扑结构,进行网络的搭建与设置,其具体操作步骤如下:

第1步,配置上位机的 IP 地址为 192.168.0.120,子网掩码为 255.255.255.0。

第2步,配置交换机 SCALANCE XM408。上位机和 SCALANCE XM408 用线缆连接,以管理员身份打开 PST 软件,单击菜单"Network"选项下的"Browse"命令搜索设备,搜索到设备以后,在 SCALANCE XM408 条目下选择"Ind Ethernet interface"选项,在界面右侧设置该交换机的 IP 地址(192.168.0.11)和对应的子网掩码(255.255.255.0),用户也可以单击"Assign Name"按钮修改设备名称,设置完毕后,单击工具栏上的图标 进行下载,结果如图 4-50 所示。

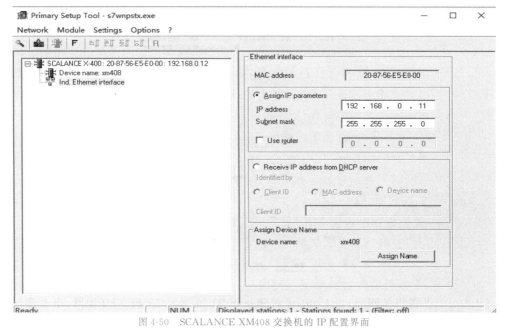

图 4-50　SCALANCE XM408 交换机的 IP 配置界面

第3步,对 SCALANCE XM408 交换机进行功能配置。打开浏览器,在地址栏中输入刚刚为交换机设置的 IP 地址(192.168.0.11),进入 SCALANCE XM408 的网络配置登录界面(首次进入该页面需要修改密码)。结果如图 4-51 所示。

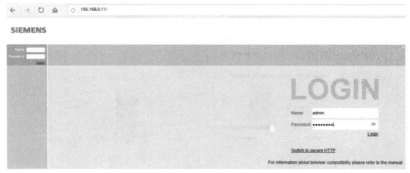

图 4-51　交换机的 Web 登录界面

第4步,在登录首界面输入用户名和密码,单击"Login"按钮进入 SCALANCE

XM408 配置界面,如图 4-52 所示。

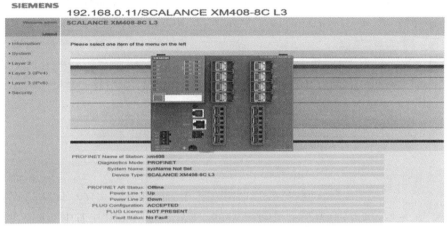

图 4-52 SCALANCE XM408 交换机的配置界面

第 5 步,在配置界面中选择"Layer 2"目录树下"Ring Redundancy"选项,打开"Ring Redundancy"设置界面,选择"Ring"页签,在该页面下选中"Ring Redundancy"复选框,在 "Ring Redundancy Mode(冗余环模式)"下拉列表中,选择"MRP Auto-Manager"选项,在 "Ring Ports"(环端口)下拉列表中分别选择"P1.4"和"P1.8",然后单击"Set Values"按钮, 如图 4-53 所示。

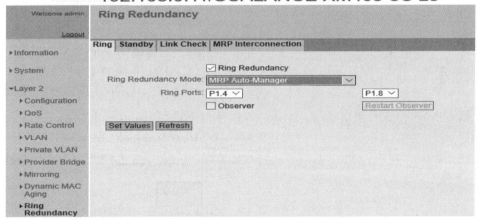

图 4-53 Ring Redundancy 端口设置界面

第 6 步,为交换机 SCALANCE XB208A 设置 IP 地址(192.168.0.12)与子网掩码 (255.255.255.0),具体操作同第 2 步与第 3 步,结果如图 4-54 所示。

第 7 步,在 Web 界面中对 SCALANCE XB208A 进行端口配置。在浏览器地址栏输 入 192.168.0.12 进入登录首界面,输入用户名和密码,进入 SCALANCE XB208A 的设置 界面,如图 4-55 所示。

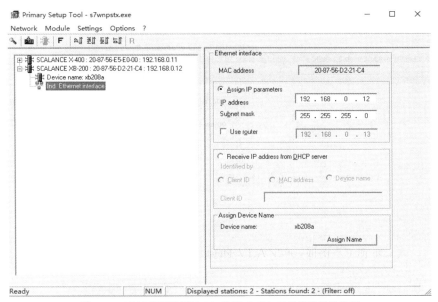

图 4-54　SCALANCE XB208A 的 IP 地址与子网掩码设置界面

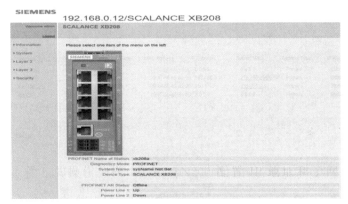

图 4-55　SCALANCE XB208A 的设置界面

　　第 8 步，在设置首界面选择"Layer 2"目录树下的"Ring Redundancy"选项，选择"Ring"页签，选中"Ring Redundancy"复选框，选择"Ring Redundancy Mode"下拉列表中的"HRP Client"选项，"Ring Ports"选择"P0.5"和"P0.8"，单击"Set Values"按钮，如图 4-56 所示。

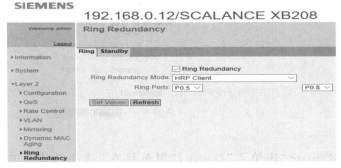

图 4-56　SCALANCE XB208A 的端口设置界面

第 9 步,为交换机 SCALANCE XB208B 设置 IP 地址(192.168.0.13)和子网掩码
(255.255.255.0),具体操作步骤同第 2 步和第 3 步,如图 4-57 所示。

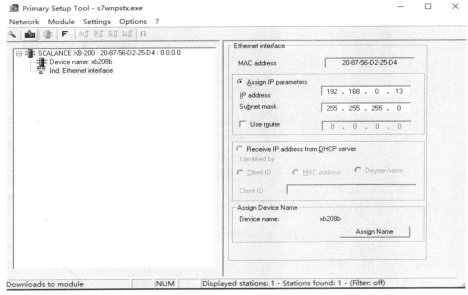

图 4-57　SCALANCE XB208B 的 IP 地址和子网掩码设置界面

第 10 步,在浏览器的地址栏中输入 192.168.0.13,进入 SCALANCE XB208B 的端口
配置界面。

第 11 步,在配置界面的左侧列表中,选择"Layer 2"目录树下的"Ring Redundancy"
选项。在"Ring"页签中,选中"Ring Redundancy"复选框;在"Ring Redundancy Mode"的
下拉列表中选择"Automatic Redundancy Detection"选项;然后配置在冗余环中使用的
"Ring Ports",将"P0.1"(第 1 个端口)和"P0.4"(第 4 个端口)设置为冗余端口,如图 4-58
所示。

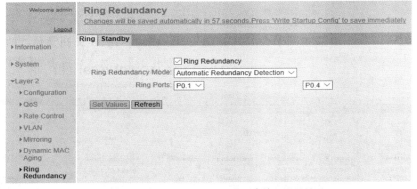

图 4-58　SCALANCE XB208B 的冗余端口配置界面

第 12 步,在博途软件中配置 S7 1200(PLC),创建新项目界面如图 4-59 所示。

图 4-59　利用博途软件创建新项目界面

第 13 步,在"设备视图"中选中 S7 1200 模块,在博途软件的"属性"界面中为其配置 IP 地址(192.168.0.41)和子网掩码(255.255.255.0),用户也可以在设备视图中双击模块的网卡口,页面下方自动定位到 IP 地址设置处,同样可以为其设置 IP 地址和子网掩码,设置完成后需要打开 PST 软件,进行硬件搜索,对找到的硬件进行 IP 地址和子网掩码的设置,并进行下载,如图 4-60 所示。

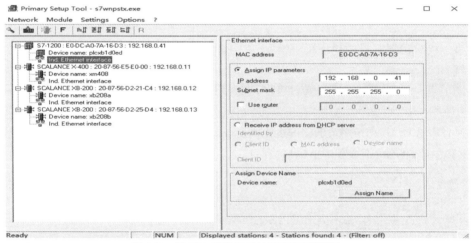

图 4-60　S7 1200 下载 IP 地址和子网掩码界面

第 14 步,在博途软件的"项目树"中,找到"CPU 1214C"选项,并在其树状结构的子项中找到"PLC 变量"选项,在"PLC 变量"的子项中,双击打开"默认变量表"。在"默认变量表"中添加需要监视的变量——4 个 DI 变量,如图 4-61 所示。

图 4-61　为 PLC 设置监视变量界面

补充:这四个变量与操作面板中的 S7 1200(A)区域的四个按钮开关对应。

第 15 步,在项目的目录树下选择"程序块"选项,双击"Main"进行简单编程(参考附录一),然后进行编译、下载。按照网络拓扑结构进行搭建局域网,效果如下:

(1)SCALANCE XM408 的 RM 指示灯常亮。

(2)SCALANCE XM408 的两个"Ring Port"中,P4 和 P8 对应的指示灯一个快闪(如P8),一个慢闪(如 P4),慢闪端口对应的通信线路处于"热备"状态(暂时不通)。

第 16 步,环形冗余通信测试。

(1)正常通信,如图 4-62 所示。

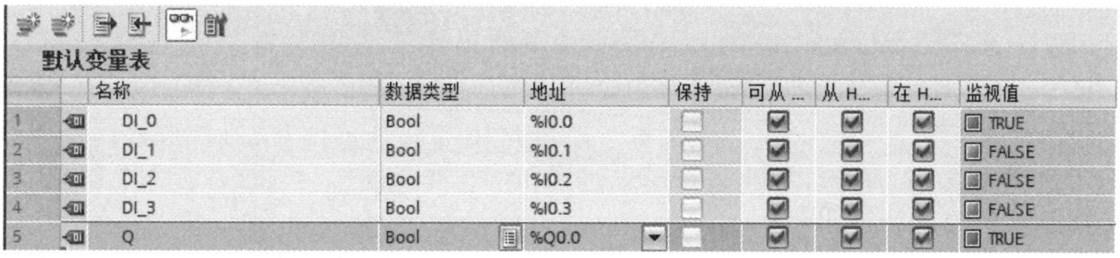

		名称	数据类型	地址	保持	可从...	从 H...	在 H...	监视值
1		DI_0	Bool	%I0.0		☑	☑	☑	TRUE
2		DI_1	Bool	%I0.1		☑	☑	☑	FALSE
3		DI_2	Bool	%I0.2		☑	☑	☑	FALSE
4		DI_3	Bool	%I0.3		☑	☑	☑	FALSE
5		Q	Bool	%Q0.0		☑	☑	☑	TRUE

图 4-62　正常通信界面

(2)通信故障,如图 4-63 所示。

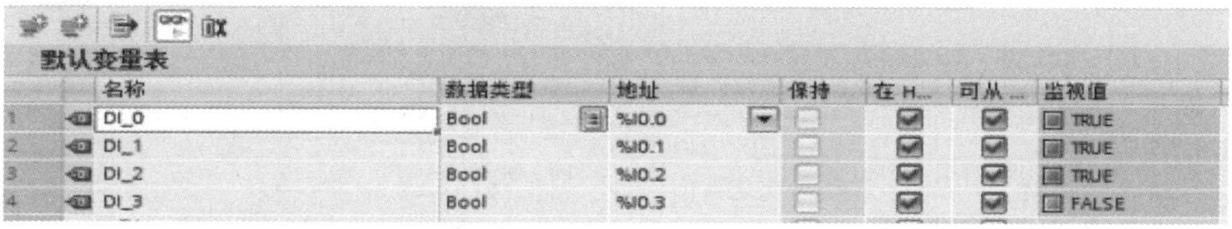

		名称	数据类型	地址	保持	在 H...	可从...	监视值
1		DI_0	Bool	%I0.0		☑	☑	TRUE
2		DI_1	Bool	%I0.1		☑	☑	TRUE
3		DI_2	Bool	%I0.2		☑	☑	TRUE
4		DI_3	Bool	%I0.3		☑	☑	FALSE

图 4-63　故障通信界面

4.4.2 HRP

高速冗余协议(High Redundancy Protocol,HRP)为西门子自有协议,它是适用于环型拓扑网络的一种冗余方法。交换机通过环网端口互连,其中一台交换机组态为冗余管理器(Redundancy Manager,RM),其他交换机为冗余客户端。冗余管理器通过测试帧检查环网以确保其没有中断,通过环网端口发送测试帧并检查其他环网端口是否接收到这些测试帧;冗余客户端转发测试帧,包括以下两种情况:

(1)正常情况下,从冗余管理器端口发送的检测帧被第二个环网端口接受,则说明环网正常,接下来数据只从接通端口发送数据。

(2)故障情况下,如果由于网络中断导致 RM 发送的测试帧无法到达其他环网端口,则 RM 将在自身的两个环网端口之间切换并立即将切换情况通知给冗余客户端。环中断后的重新组态时间最长为 0.3 s。

项目要求:利用冗余路径实现某工厂中对某个车间信息传输的高可靠性。

项目设备:交换机(SCALANCE XM408)两台;交换机(SCALANCE XB208)四台;PLC(S7 1200)一台;上位机(安装有 PST 软件)一台;工业以太网线缆十根。

项目目的:理解环间冗余网络的工作原理;掌握环间冗余网络的配置以及测试方法。

项目功能:根据工厂工作需求搭建网络拓扑结构,并利用环间冗余实现网络信息传输,增强网络可靠性。具体网络拓扑结构如图 4-64 所示。

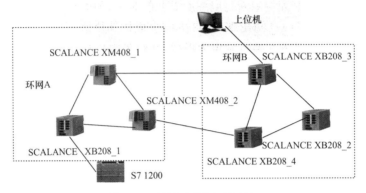

图 4-64　环间冗余网络拓扑结构

具体实现操作步骤如下:

第 1 步,上位机与 SCALANCE XB208_1 连接,设置其 IP 地址(192.168.0.12)和子网掩码(255.255.255.0),然后单击工具栏上的图标 ,将配置信息下载到设备中,结果如图 4-65 所示。

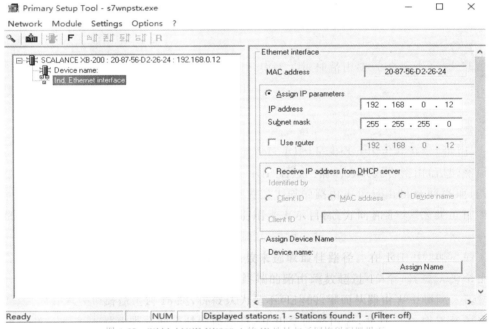

图 4-65　SCALANCE XB208_1 的 IP 地址与子网掩码配置界面

第 2 步,在浏览器地址栏中输入网址 192.168.0.12,进入 SCALANCE XB208_1 端口的配置界面,在界面左侧的"Layer 2"目录树中选择"Ring Redundancy"选项,在右侧界面中对冗余端口进行设置,如图 4-66 所示。

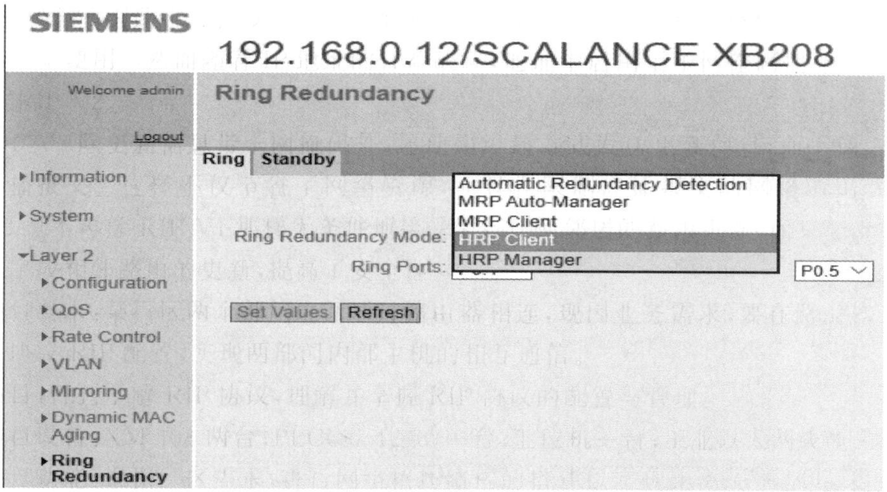

图 4-66　SCALANCE XB208_1 冗余端口配置初始界面

第 3 步,选择"Ring"页签,在该页签中选中"Ring Redundancy"复选框,在"Ring Redundancy Mode"下拉列表中选择"HRP Manager"选项,在 Ring Ports 下拉列表中分别选择两个冗余端口"P0.5"和"P0.8",单击"Set Values"按钮使配置生效,结果如图 4-67 所示。

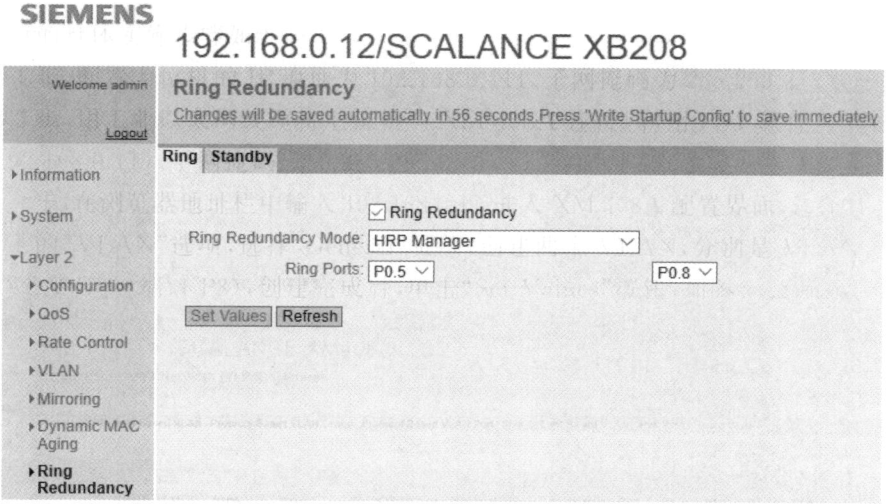

图 4-67　SCALANCE XB208_1 冗余端口配置界面

第 4 步,将 SCALANCE XM408_1 与主机连接,以管理员身份登录 PST 软件,利用工具栏中扫描工具(图标)扫描硬件设备,对扫描到的 SCALANCE XM408 进行 IP 地址(192.168.0.11)和子网掩码(255.255.255.0)设置,设置完成后单击下载工具使配置生效,如图 4-68 所示。

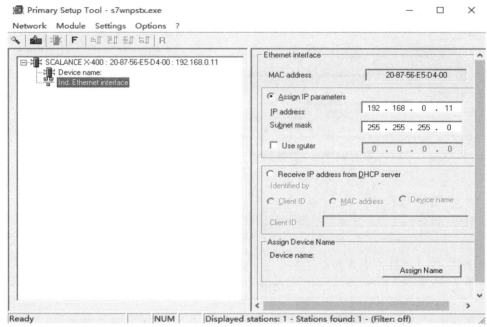

图 4-68　SCALANCE XM408_1 的 IP 地址和子网掩码配置界面

第 5 步，打开浏览器，在地址栏中输入网址 192.168.0.11，进入 SCALANCE XM408_1 冗余端口配置界面，在"Ring Redundancy Mode"下拉列表中选择"HRP Client"选项，端口选择"P1.4"和"P1.8"，根据需求需要的参数设置完成后，单击"Set Values"按钮，如图 4-69 所示。

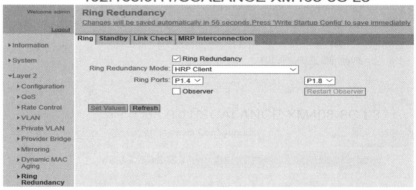

图 4-69　SCALANCE XM408_1 的冗余端口配置界面

第 6 步，将 SCALANCE XM408_2 与上位机连接，以管理员身份登录 PST 软件，利用工具栏中扫描工具（图标 🔍）扫描硬件设备，对扫描到的 SCALANCE XM408 进行 IP 地址（192.168.0.13）和子网掩码（255.255.255.0）设置，设置完成后，单击下载工具使配置生效，如图 4-70 所示。

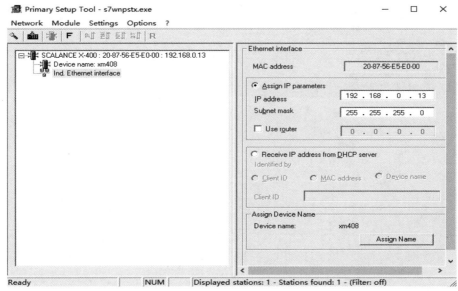

图 4-70 SCALANCE XM408_2 的 IP 地址与子网掩码配置界面

第 7 步,打开浏览器,在地址栏中输入网址 192.168.0.13,进入 SCALANCE XM408_2 冗余端口配置界面,在"Ring Redundancy Mode"下拉列表中选择"HRP Client"选项,端口选择"P1.4"和"P1.8",根据需求需要的参数设置完成后,单击"Set Values"按钮,如图 4-71 所示。

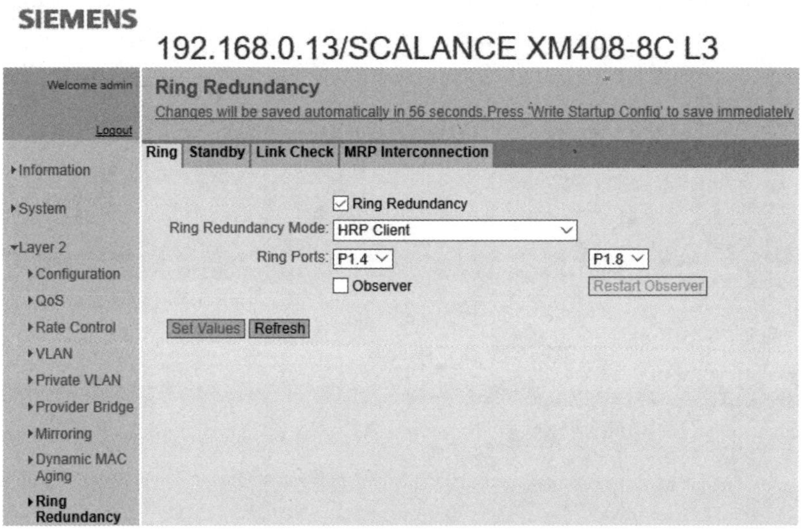

图 4-71 SCALANCE XM408_2 的冗余端口配置界面

第 8 步,上位机与 SCALANCE XB208_2 连接,设置 IP 地址(192.168.0.14)和子网掩码(255.255.255.0),然后单击工具栏上的图标 ，将配置信息下载到设备中,结果如图 4-72 所示。

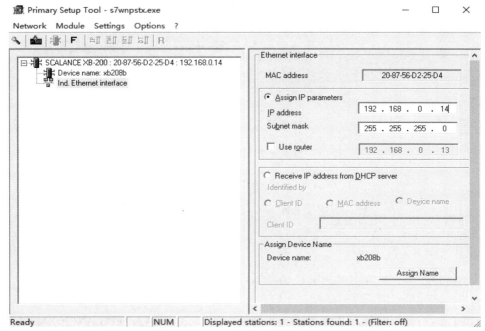

图 4-72　SCALANCE XB208_2 的 IP 地址与子网掩码配置界面

第 9 步，打开浏览器，在地址栏中输入网址 192.168.0.14，进入 SCALANCE XB208_2 冗余端口配置界面，在"Ring Redundancy Mode"下拉列表中选择"HRP Manager"选项，端口选择"P0.1"和"P0.4"，根据需求需要的参数设置完成后，单击"Set Values"按钮，如图 4-73 所示。

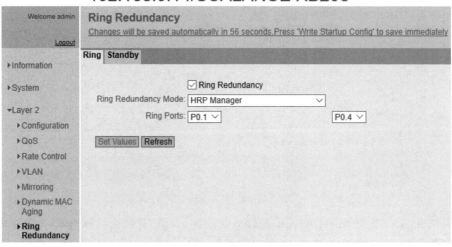

图 4-73　SCALANCE XB208_2 的冗余端口配置界面

第 10 步，上位机与 SCALANCE XB208_3 连接，设置 IP 地址（192.168.0.15）和子网掩码（255.255.255.0），然后单击工具栏上的图标 ，将配置信息下载到设备中，结果如

图 4-74 所示。

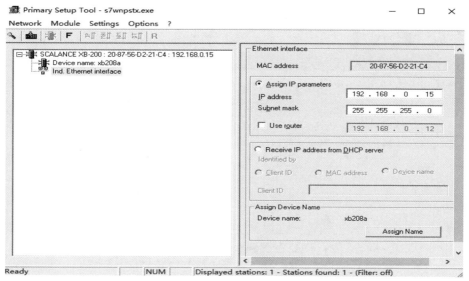

图 4-74　SCALANCE XB208_3 的 IP 地址与子网掩码配置界面

第 11 步，打开浏览器，在地址栏中输入网址 192.168.0.15，进入 SCALANCE XB208_3 冗余端口配置界面，注意在"Ring Redundancy Mode"下拉列表中选择"HRP Client"选项，端口选择"P0.4"和"P0.8"，根据需求需要的参数设置完成后，单击"Set Values"按钮，如图 4-75 所示。

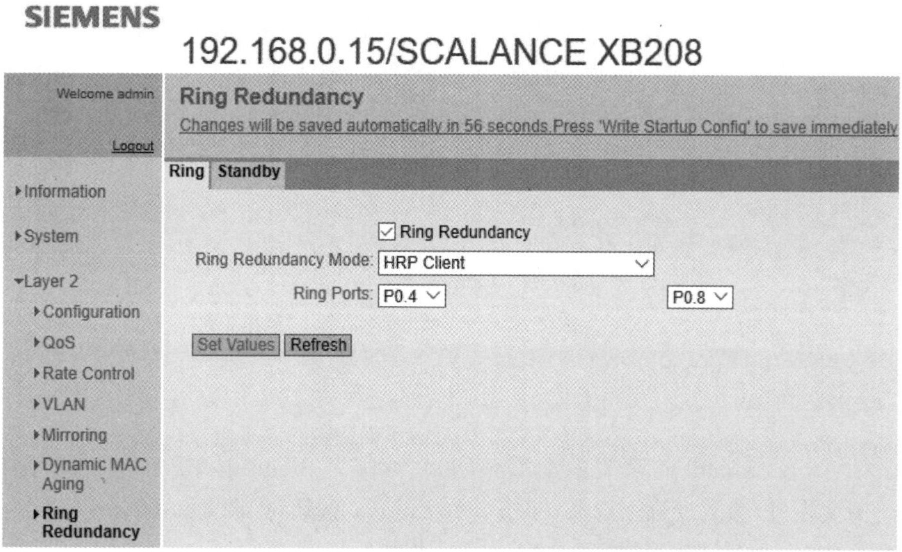

图 4-75　SCALANCE XB208_3 的冗余端口配置界面

第 12 步，上位机与 SCALANCE XB208_4 连接，设置 IP 地址(192.168.0.16)和子网掩码(255.255.255.0)，然后单击工具栏上的图标，将配置信息下载到设备中，结果如图 4-76 所示。

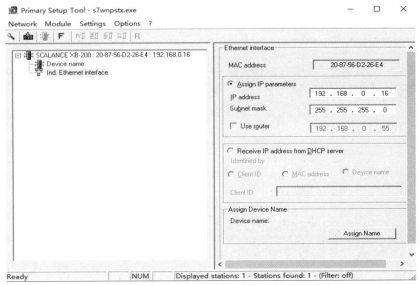

图 4-76   SCALANCE XB208_4 的 IP 地址与子网掩码配置界面

第 13 步,打开浏览器,在地址栏中输入网址 192.168.0.16,进入 SCALANCE XB208_4 冗余端口配置界面,在"Ring Redundancy Mode"下拉列表中选择"HRP Client"选项,端口选择"P0.4"和"P0.8",根据需求需要的参数设置完成后,单击"Set Values"按钮,如图 4-77 所示。

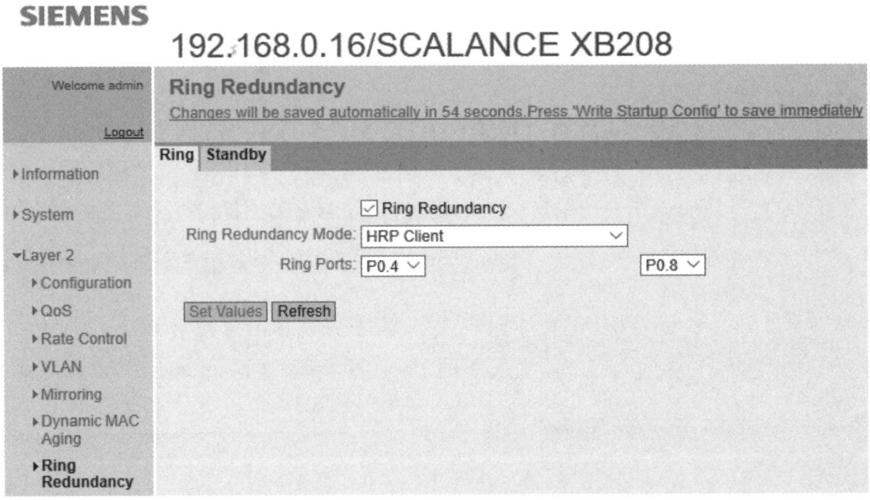

图 4-77   SCALANCE XB208_4 的冗余端口配置界面

第 14 步,在"Standby"页签中配置环网 A 中作为 Standby Master 的 SCALANCE XM408_1 交换机,参数设置完成后,单击"Set Values"按钮,如图 4-78 所示。

(1)选中"Standby"复选框,启动 Standby 功能。

(2)设置"Standby Connection Name"为"STBY"(名字可以随意设置)。

(3)选中"Force device to Standby Master"复选框,强制该交换机为"Standby Master"。

(4)选择"P1.6"作为环间 Standby 端口。

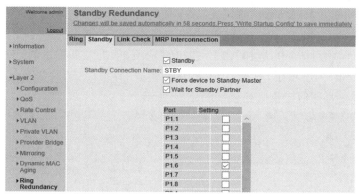

图 4-78 设置 SCALANCE XM408_1 为 Standby 界面

说明：设置完成后，交换机 SCALANCE XM408 模块的"SB"指示灯常绿。因为还没有连接工业以太网线缆，所以故障灯 F 为红色。

第 15 步，在"Standby"页签中配置环网 A 中作为 Standby Slave 的 SCALANCE XM408_2 交换机，参数设置完成后，单击"Set Values"按钮，如图 4-79 所示。

（1）选中"Standby"复选框，启动"Standby"功能。

（2）设置"Standby Connection Name"为"STBY"。

（3）选择"P1.6"作为环间 Standby 端口。

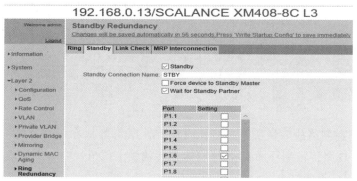

图 4-79 设置 SCALANCE XM408_2 为 Standby 界面

第 16 步，在博途软件中配置 PLC S7 1200，具体操作参考附录一，结果如图 4-80 所示。

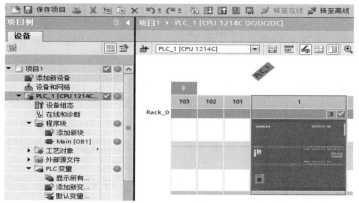

图 4-80 PLC 组态编译通过

第 17 步,环间冗余网络通信测试。

(1)正常通信。

在博途软件"项目树"中,选择"CPU 1214C"选项,单击工具栏中的"转到在线"按钮,然后在"PLC 变量"的子项中,双击打开"默认变量表"界面。在"默认变量表"中单击"全部监视"按钮。正常通信变量监控表如图 4-81 所示。

	名称	数据类型	地址	保持	在 H...	可从...	监视值
1	DI_0	Bool	%I0.0		☑	☑	TRUE
2	DI_1	Bool	%I0.1		☑	☑	FALSE
3	DI_2	Bool	%I0.2		☑	☑	TRUE
4	DI_3	Bool	%I0.3		☑	☑	FALSE

图 4-81　正常通信变量监控表

说明:S7 1200 的监控数据经过环网 A 的传输,通过 Standby Master 传输到环网 B,最终传输到位机中。

(2)非正常通信。

将插入作为 Standby Master 的交换机 SCALANCE XM408 的 P6 端口的网线拔掉,模拟环网间通信线路故障或损坏。此时该 SCALANCE XM408 的 SB 状态指示灯变为常绿不闪;而作为 Standby Slave 的 SCALANCE XM408 的 SB 灯绿色闪动,F 灯变红,该 Standby Slave 的环间冗余连接端口指示灯变为常绿(说明此时环间冗余备用线路被激活)。修改 S7 1200 的 DI 输入,在 IO 操作面板上将与 S7 1200 的地址为%I0.1 的 DI 输入对应的开关打开,此时博途软件的变量监视界面中 DI_1 对应变量值为 TRUE,如图 4-82 所示。

	名称	数据类型	地址	保持	在 H...	可从...	监视值	注释
1	DI_0	Bool	%I0.0		☑	☑	TRUE	
2	DI_1	Bool	%I0.1		☑	☑	TRUE	
3	DI_2	Bool	%I0.2		☑	☑	TRUE	
4	DI_3	Bool	%I0.3		☑	☑	FALSE	

图 4-82　非正常通信界面

说明:环网在网络故障情况下进行了重构,S7 1200 数据在环网 A 中传输,然后通过 Standby Slave 线路传输到环网 B,最终将数据传输到上位机。

4.4.3　HSR

环形网络冗余可以增加网络可靠性,当某一线路出现故障时,可以自动重构恢复通信。通常使用 HRP 冗余协议的收敛时间是 300 ms,使用 MRP 冗余协议的收敛时间是 200 ms。实现无缝冗余主要涉及两个技术:并行冗余协议(PRP)和高可靠性无缝冗余(HSR)。

PRP 使用标准网络组件组成的并行独立结构。通过无缝冗余模块,例如 SCALANCE X204 RNA,不具有 PRP 功能的节点或整个网段连接到 PRP 网络。当一个节点要发送的数据帧经过 X204 RNA 后,会被复制为两份,分别通过两个互相独立的局域网传输,到达对方的 X204 RNA 交换机时,它会将最先到达的数据帧转发给目的设备而丢弃后到达的数据帧。

HSR 通信的冗余则是通过环网式结构实现的。通过 X204 RNA,不具有 HSR 功能的节点或整个网段也可以连接到 HSR 网络。当一个节点要发送数据帧经过 X204 RNA

后,会被复制为两份,在环网中往两个方向传输,到达对方的 X204 RNA 交换机时,它会将最先到达的数据帧转发给目的设备而丢弃后到达的数据帧。

项目要求:某厂区要求网络管理员实现网络的无缝冗余,提升网络传输的可靠性,保证信息传输 24 小时不间断。

项目目的:了解无缝冗余结构的特点;掌握无缝冗余网络的配置与管理方法。

项目设备:SCALANCE X204 RNA 两台;PLC(S7 1200)两台;上位机一台;工业以太网线缆五根。

项目功能:根据用户需求,搭建网络拓扑结构,实现信息高可靠传输,其网络拓扑结构如图 4-83 所示。

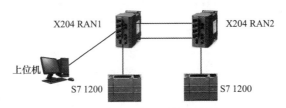

图 4-83　无缝冗余的网络拓扑结构

项目实施的具体步骤如下:

第 1 步,上位机与 SCALANCE X204 RNA1 连接(P1 或 P2 端口均可)。利用 PST软件工具为 X204 RNA1 配置 IP 地址(192.168.0.41)和子网掩码(255.255.255.0)。

第 2 步,在浏览器的地址栏中输入 192.168.0.41,登录后进入 X204 RNA1 的网络配置界面。登录的用户名和密码均默认为 admin,如图 4-84 所示。

图 4-84　登录首界面

第 3 步,在打开的网络配置界面的左侧列表中,在"X200"目录树下选择"Coupling"选项。在右侧"Coupling Configuration"界面中,选择"Coupling Mode"下拉列表中的"HSRSAN mode"选项,其他参数不变,如图 4-85 所示。

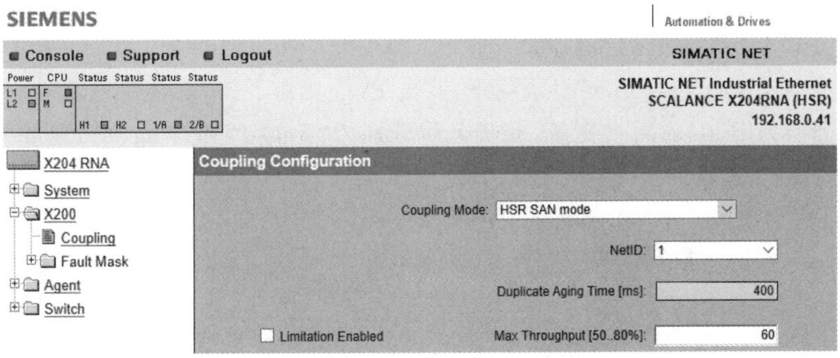

图 4-85　coupling configuration 配置界面

第 4 步,上位机与 SCALANCE X204 RNA2 连接(P1 或 P2 端口均可),利用 PST 软

件工具为 X204 RNA2 配置 IP 地址(192.168.0.42)和子网掩码(255.255.255.0)。

第 5 步,在浏览器的地址栏中输入 192.168.0.42,登录后进入 X204 RNA2 的网络配置界面,对 X204 RNA2 进行配置(与 X204 RNA1 配置方法一致)。

第 6 步,打开博途软件新建项目,并在设备视图中选中 S7 1200,选择属性页签,并在"常规"目录下选择"项目信息"选项,在右侧页面中将名称修改为"IO-Controller"。

第 7 步,在属性页面中,选择"常规"目录树下的"PROFINET 接口"选项,再选择"以太网地址"选项,在右侧界面中设置子网(单击"添加新子网"按钮)、IP 地址和子网掩码。如图 4-86 所示。

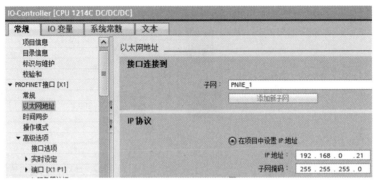

图 4-86　IO-Controller 子网、IP 地址和子网掩码配置

第 8 步,在"PROFINET 接口"目录树下单击"操作模式"选项,打开右侧页面,使用默认配置,如图 4-87 所示。

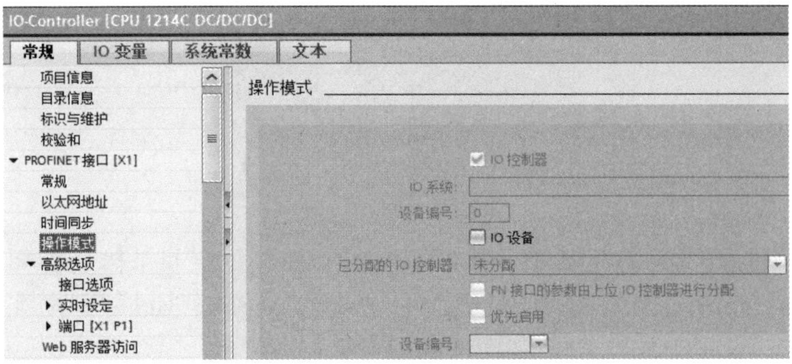

图 4-87　S7 1200A 配置 IO 控制器

说明:该 PLC 作为 IO 控制器。

第 9 步,在"IO-Controller"目录树下,双击 PLC 变量下的"默认变量表"为 IO 控制器添加数据类型为 Byte 的两个变量,变量名称分别为"Tag_1"和"Tag_2",地址分别为"%QB2"和"%IB2",如图 4-88 所示。

		名称	数据类型	地址
默认变量表				
1		Tag_1	Byte	%QB2
2		Tag_2	Byte	%IB2

图 4-88　IO 控制器的变量表配置

第 10 步,添加监控表。在"IO-Controller"目录树下选择"监控与强制表"选项,双击

"添加新监控表"选项,在新建的"监控表_1"中,在"名称"列下分别选择"Tag_1"和"Tag_2"变量,将显示格式分别设置为"二进制"和"字符",如图4-89所示。

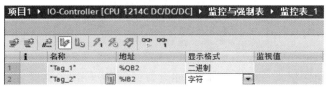

图 4-89 IO 控制器的监控表配置

第 11 步,IO-Controller 编译下载并运行。

第 12 步,在项目中通过"添加新设备"添加 S7 1200B,添加成功后,在设备视图中选中 S7 1200,修改名称为"IO-Device",如图 4-90 所示。

图 4-90 IO-Device 名称修改

第 13 步,为 S7 1200 设置子网、IP 地址(192.168.0.22)和子网掩码(255.255.255.0)。

第 14 步,在设备视图中选中 S7 1200 为其配置操作模式,选中"IO 设备"复选框;在"已分配的 IO 控制器"下拉列表中选择"IO-Controller.PROFINET 接口_1"选项,如图 4-91 所示。

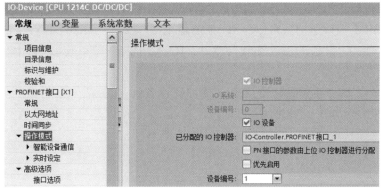

图 4-91 IO 设备的操作模式配置

第 15 步,为 IO 设备添加数据类型为 Byte 的变量,变量名称分别为"Tag_3"和"Tag_4",地址分别为"%IB2"和"%QB3",如图 4-92 所示。

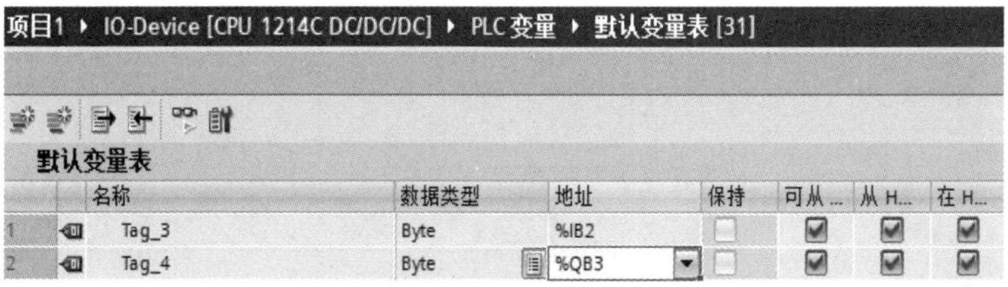

项目1 ▶ IO-Device [CPU 1214C DC/DC/DC] ▶ PLC 变量 ▶ 默认变量表 [31]

	名称	数据类型	地址	保持	可从 ...	从 H ...	在 H ...
1	Tag_3	Byte	%IB2		☑	☑	☑
2	Tag_4	Byte	%QB3		☑	☑	☑

图 4-92 IO 设备变量表的设置

第 16 步,为 IO 设备"添加新监控表",在新建的"监控表_1"中,在"名称"列下分别选择"Tag_3"和"Tag_4"变量,将显示格式分别设置为"二进制"和"字符",如图 4-93 所示。

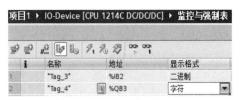

图 4-93   IO 设备监控表配置

第 17 步,在操作模式目录下选择"智能设备通信",双击"传输区"按钮添加两个"传输区"。如图 4-94 所示。

图 4-94   IO 设备传输区的配置

说明:第一个传输区表达的是将 IO 控制器中地址为 Q2 的变量的数据传输到智能设备中地址为 I2 的变量中,第二个传输区表达的是将智能设备中地址为 Q3 的变量的数据传输到 IO 控制器中地址为 I2 的变量中(箭头表示传输方向,可以通过单击改变)。

第 18 步,IO-Device 编译下载并运行,如图 4-95 所示。

第 19 步,利用工业以太网线缆,按照项目的网络拓扑结构搭建网络:将 X204 RNA1 的 HSR 1 端口与 X204 RNA2 的 HSR 2 端口连接,X204 RNA1 的 HSR 2 端口与 X204 RNA2 的 HSR 1 端口连接。将作为 IO 控制器的 S7 1200 与 X204 RNA1 的 P2 端口连接,将作为智能 IO 设备的 S7 1200 与 X204 RNA2 的 P2 端口连接,将上位机与 X204 RNA1 的 P1 端口连接。

第 20 步,在 IO 控制器的"监控表_1"和 IO 设备的"监控表_1"中,分别单击"全部监视"按钮,结果显示如图 4-96 所示。

图 4-95   编译下载通过   图 4-96   IO 监控表中监控值

第 21 步，在 IO 控制器的"监控表_1"中，在"Tag_1"行的修改值处右击，选择"修改为 1"选项，监视值将变为与修改值一样的数值，如图 4-97 所示。

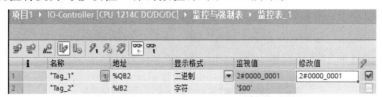

图 4-97 IO 控制表中监视值与修改值一致

第 22 步，切换到 IO 设备的"监控表_1"，可以看到 IO 设备的％IB2 地址已经收到来自 IO 控制器发送过来的数据，如图 4-98 所示。

图 4-98 IO 设备 IB2 地址值与 IO 控制设备 QB2 地址值一致

第 23 步，在 IO 设备的"监控表_1"中，在"Tag_4"行的修改值处将修改值设置为'K'，右击在弹出菜单中选择"修改"子菜单中的"立即修改"选项，结果显示如图 4-99 所示。

(a)   (b)

图 4-99 IO 设备中监视值与修改值一致

第 24 步，切换到 IO 控制器的"监控表_1"，可以看到 IO 控制器的％IB2 地址已经收到来自 IO 设备发送过来的数据，如图 4-100 所示。

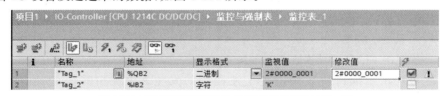

图 4-100 IO 控制器对应地址与 IO 设备对应地址值一致

第 25 步，测试。

(1)上述通信测试过程显示 IO Controller 和 IO Device PLC 之间的 PROFINET 通信是正常的(注意：两个 S7 1200 的 Error 灯没有报警)。在此基础上，接下来将利用普通环网冗余与利用 SCALANCE X204 RNA 的 HSR 的平行冗余网络进行对比。

拔掉 X204 RNA1 HSR 1 端口或 X204 RNA1 HSR 2 端口的工业以太网线缆来模拟线路故障,观察到 IO 控制器和 IO 设备 PLC 的 Error 指示灯均未报警,即 IO Controller 和 IO Device PLC 之间 PROFINET 通信正常,未发生掉站情况。

（2）在上位机的字符界面输入 ping 192.168.0.22,结果显示如图 4-101 所示。

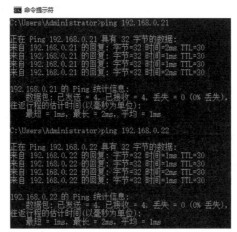

图 4-101　PLC 间通信正常

读者可以利用 SCALANCE XM408 构建项目网络拓扑结构（配置方法参考"单环冗余网络实验"）,拔掉 SCALANCE XM408 之间的当前用于通信的工业以太网线缆（非备用线路）来模拟线路故障,观察现象,就会发现 PROFINET IO Controller 和 IO Device 之间通信出现中断,即 IO Controller 和 IO Device PLC 的 Error 指示灯报警,整个通信恢复时间（包括环网重构时间以及 IO Controller 和 IO Device PLC 之间 PROFINET 通信的恢复时间）大约为 4 s。

4.5　快速生成树协议（RSTP）

在一个桥接局域网里,为了增强网络的可靠性,在网络中建立了冗余路径,这样会带来以下几个问题:

（1）广播风暴。

（2）同一帧多个副本。

（3）不稳定的 MAC 地址表。

因此,可利用生成树协议来避免上述问题的发生。生成树算法（Spanning Tree Protocol,STP,IEEE 802.1D）是办公室网络中常用的网络协议。同样工业网络也可以使用该协议使网络拓扑结构能够借助激活备用路径重新配置及链路重构。快速生成树算法（Rapidly Spanning Tree Protocol,RSTP,IEEE 802.1w）作为 STP 的升级,可以通过对交换机端口的配置而实现 STP（网络中断恢复时间为 20～30 s）的快速收敛（网络中断恢复时间大约为 1 s)。RSTP 的核心思想是预先对生成树的拓扑结构以及可能发生的变化进行设定,一旦网络中连接关系发生变化,则整个网络的生成树会依据预先设定的拓扑收敛,这样减少了 STP 重新配置和恢复服务所需要的时间,同时也保持了 STP 即插即用的特色。西门子交换机 SCALANCE XM408 支持生成树和快速生成树功能。

　　RSTP 将优先级最高的交换机设定为根桥,并给各端口分配相应的端口角色,这些端口角色包括根、指定、替换与备份。在 STP 的拓扑收敛时,可借助于端口角色完成快速收敛。RSTP 有五种端口类型:根端口和指定端口这两个角色在 RSTP 中被保留,阻断端口分成替换和备份端口角色。生成树算法(STA)使用网桥协议数据单元(Bridge Protocol Data Unit,BPDU)来决定端口的角色,端口类型也是通过比较端口中保存的 BPDU 来确定哪个端口优先级更高。

4.5.1　端口分类

1.根端口

　　非根桥收到最优的 BPDU 配置信息的端口为根端口,即到根桥(没有根端口)开销最小的端口,这点和 STP 一样。按照 STP 选择根端口的原则,SW-1 与 SW-2 和根连接的端口为根端口。如图 4-102 所示。

2.指定端口

　　与 STP 一样,每个以太网网段内必须有一个指定端口。假设 SW-1 的 BID 比 SW-2 优先,而且 SW-1 的 P1 端口 ID 比 P2 优先级高,那么 P1 为指定端口,如图 4-103 所示。

图 4-102　RSTP 根端口　　　　　　　　图 4-103　RSTP 指定端口选择

3.替换端口

　　如果一个端口收到另外一个网桥的更好的 BPDU,但不是最好的,那么这个端口就成为替换端口,对于 SW-2 来说,端口 P3 收到的 BPDU 比自己优先,自己为次优先,P3 为替换端口。如图 4-104 所示。

4.备份端口

　　如果一个端口收到同一个网桥的更好的 BPDU,那么这个端口就成为备份端。当两个端口被一个点到点链路的环路连在一起时,或者当一个交换机有两个或多个到共享局域网段的连接时,一个备份端口才能存在。如图 3-105 所示,SW-1 的 P1 和 P2 端口同时接入以太网的同一网段,P1 为指定端口,P2 的优先级低,则 P2 端口为备份端口。

5.禁用端口

　　禁用端口在快速生成树协议应用的网络运行中不担当任何角色。

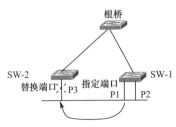

图 4-104　RSTP 替换端口选择

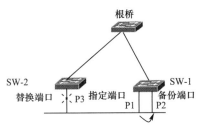

图 4-105　RSTP 备份端口选择

4.5.2 信息发送

RSTP 引进了新的 BPDU 处理以及一种新的拓扑结构来改变机制。即使没有从根桥处接收到任何信号，每个网桥在每次"hello 时间周期"中都会生成 BPDU。BPDU 扮演了在网桥间进行消息通知的角色。如果一个网桥不能从临近网桥处收到 BPDU，它就会认为与这个网桥失去了连接，因而会考虑进行快速故障检测和自恢复。

1.间隔发送 BPDU

STP 的非根桥仅传递根桥生成的 BPDU；RSTP 的网桥不管是否收到来自根桥的 BPDU，它均会每隔 Hello time(默认 2 秒)时间发送本身的 BPDU 配置信息。

2.快速的老化信息

STP 必须等到 20 秒的老化时间到时，才能更新 BPDU；RSTP 采用心跳的机制，当一台网桥在连续三次没有收到 BPDU 的情况下，网桥认为邻居的根和指定的根已经丢失，立即老化本身的 BPDU 配置信息。

3.接受下级的 BPDU

与 Cisco 专有的 Backbone Fast 的特性类似，RSTP 会接受下级的 BPDU。如果一台网桥从它的指定根桥收到下级信息，会立即接受并覆盖原先的 BPDU 配置信息。因为交换机 SW-2 知道根桥还在，立即发送 BPDU 包含根桥的信息给 SW-1，SW-1 停止发送 BPDU，同时接受连接 SW-2 的端口为新的根端口。

STP 的网络端口状态从阻断到转发，如果想快速收敛，需要修改默认的转发延迟和老化时间定时器；RSTP 可以快速收敛而不依赖定时器，这些快速的收敛主要依赖边缘端口和点到点的链路来实现。

(1)边缘端口

一个边缘端口就像一个 Port Fast-enabled 端口，并且只在连接了一个单独的末端站点的端口上启用，但它和 Port Fast-enabled 不一样，他不产生拓扑改变，但当它收到 BPDU 时，会自动成为生成树端口，Cisco 交换机的配置也是采用 Port Fast-enabled 方式。

(2)点到点链路

两台交换机之间的链路只有一根链路，同时端口之间的连接为全双工，这样的链路类型叫作点到点链路。对于半双工的链路叫作共享端口。链路类型交换机可以自己检查，也可以人为修改。

RSTP 使用提议/同意握手机制来完成端口的快速收敛。如图 4-106 所示。

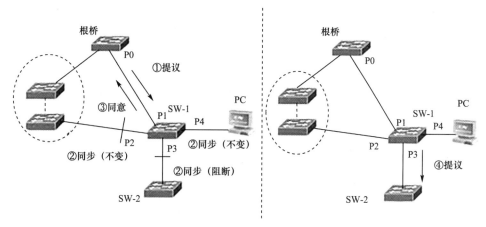

图 4-106　点到点链路

RSTP 的收敛过程具体如下：

（1）初始状态都认为自己是根桥，所有端口均为指定端口，处理 Discarding 状态，发送配置 RST BPDU。

（2）RST BPDU 中的 Proposal 置位，与接收到的对端 BPDU 对比优先级，如果自己优先级高，则丢弃对端 BPDU，将 Proposal 置位的本地 BPDU 到对端。

（3）使用同步机制来实现角色端口的协商，当收到置位 RST BPDU 且优先级高于自己时，交换机设置所有下游端口为 Discarding 状态，但是 Alternat 和 Edge 端口保持不变。

（4）确认下游端口为 Discarding 状态后，设备发送 RST BPDU 来回复上游设备发送的 Proposal 消息，在此过程中，端口被确认为根端口，报文中 Flags 字段中设置 Agreement 标记位和根端口角色。

（5）上游交换机收到 Agreement 置位的 RST BPDU 后指定端口立即进入 Forwarding 状态，下游网段进行同样的协商端口角色。

RSTP 与 STP 的相同之处如下：

（1）使用同样的参数和方法选择根网桥。

（2）使用同样的规则在非根网桥上选择根端口。

（3）使用同样的规则为每个网段选择指定端口。

RSTP 比 STP 的优越性如下：

（1）如果旧的根端口已经进入阻塞状态，而且与新的根端口连接的对端交换机的指定端口处于 Forwarding 状态，在新拓扑结构中的根端口可以立刻进入转发状态。

（2）网络边缘的端口（直接与终端相连）可以直接进入转发状态，不需要任何延时。

（3）增加了网桥之间的协商机制 Proposal/Agreement。指定端口可以通过与相连的网桥进行一次握手，快速进入转发状态。其中 Proposal 报文为正常的 BPDU 报文，且 Proposal Bit 位置位。Agreement 报文为 Proposal 报文的拷贝，且以 Agreement Bit 代替 Proposal Bit 位置位。

项目要求：利用快速生成树协议实现某工厂中对某个车间信息传输的高可靠性。

项目设备:交换机(SCALANCE XB208)两台;PLC(S7 1200)一台;上位机(安装有 PST 软件)一台;工业以太网线缆四根。

项目目的:通过西门子高端交换机 SCALANCE XM408 配置 RSTP 组态,帮助用户快速地了解和配置 RSTP。

项目功能:根据工厂工作需求搭建网络拓扑结构,并利用 RSTP 实现网络信息传输,增强网络可靠性。具体网络拓扑结构如图 4-107 所示。

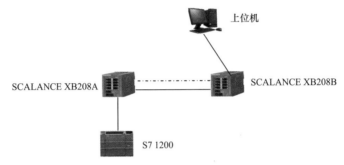

图 4-107　快速生成树网络拓扑结构

项目的具体实现过程如下:

第 1 步,为上位机配置 IP 地址(192.168.0.120)和子网掩码(255.255.255.0)。

第 2 步,SCALANCE XB208A 与上位机连接,打开 PST 软件为其配置 IP 地址(192.168.0.10)和子网掩码(255.255.255.0),结果如图 4-108 所示。

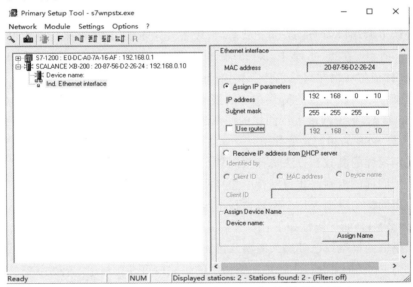

图 4-108　SCALANCE XB208A 的 IP 地址与子网掩码配置界面

第 3 步,在浏览器地址栏中输入 192.168.0.10,打开 SCALANCE XB208A 的配置界面,进行 RSTP 的相关配置。

在进行 RSTP 配置前需要取消"Ring Redundancy"的设置,选择"Layer 2"目录树下的"Ring Redundancy"选项,在右侧选择"Ring"页签,取消勾选"Ring Redundancy"复选框,单击"Set Values"按钮使设置值生效,如图 4-109 所示。

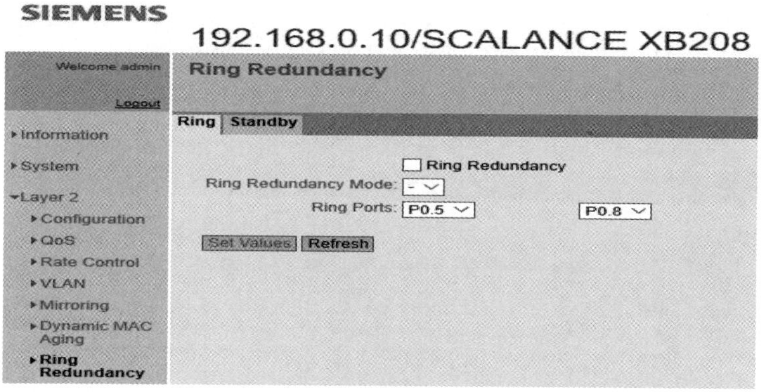

图 4-109　SCALANCE XB208A 的 RSTP 配置前准备

第 4 步，单击"Layer 2"目录树下的"Spanning Tree"选项，在"General"页签中选中"Spanning Tree"复选框，在"Protocol Compatibility"下拉列表中选择"RSTP"选项，单击"Set Values"按钮，如图 4-110 所示。

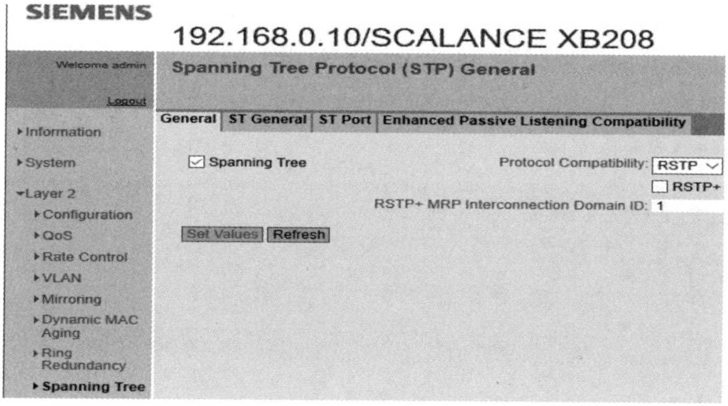

图 4-110　SCALANCE XB208A 的 RSTP 中 General 配置信息

第 5 步，选择"ST General"页签可以查看 RSTP 桥优先级以及端口优先级等的配置信息，如图 4-111 所示。

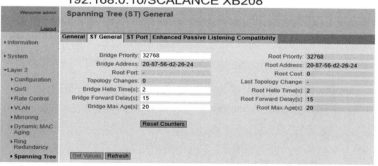

图 4-111　SCALANCE XB208A 的 RSTP 中 ST General 配置信息

第 6 步，选择"ST Port"页签可以设置端口信息，这里设置 P2 端口的优先级高于 P4 端口，如图 4-112 所示。

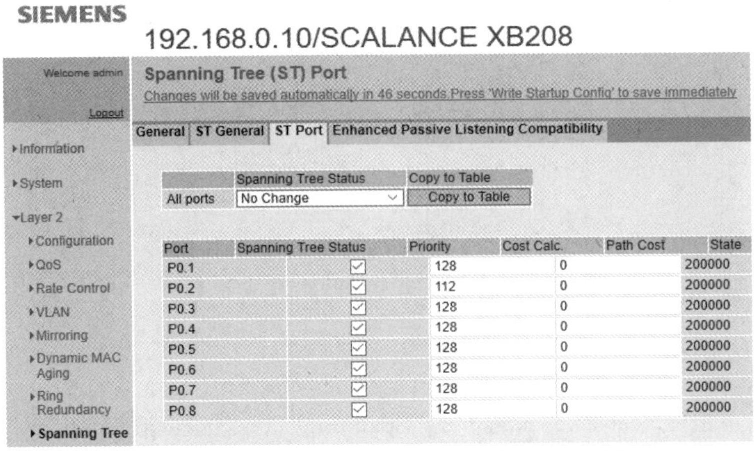

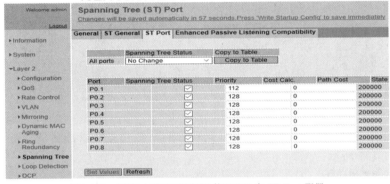

图 4-112　SCALANCE XB208A 的 RSTP 中 ST Port 配置

第 7 步,SCALANCE XB208B 与上位机连接,打开 PST 软件为其配置 IP 地址(192.168.0.11)和子网掩码(255.255.255.0),并在浏览器地址栏中输入 192.168.0.10,打开 SCALANCE XB208B 的配置界面,进行 RSTP 的相关配置,操作同步骤 3~步骤 6,这里 P1 端口的优先级高于 P3 端口,结果如图 4-113 所示。

图 4-113　SCALANCE XB208B 的 RSTP 中 ST Port 配置

第 8 步,按照网络拓扑结构连接网络结构,将冗余链路中 SCALANCE XB208A 的 P2 端口与 SCALANCE XB208B 的 P1 端口设置为优先通信,上位机界面中效果如图 4-114 所示。

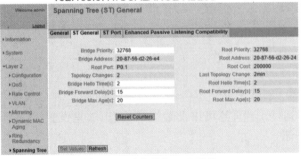

图 4-114　上位机与 PLC 通信

第 9 步,拔掉两个交换机的 P2 端口或 P1 端口中一条线路端口,因为有另一条备用链路激活,因此通信效果仍然没有变化,结果如图 4-115 所示,网络恢复时间如图 4-116 所示。

图 4-115　网络通信

图 4-116　网络异常后的恢复

4.6　小　结

本章主要从工业交换机的基本概念入手,简单介绍了工业网络的基本设备,重点介绍了交换机的功能以及特点;然后介绍了工业以太网管理设备 PST 软件的安装,并以简单的案例说明了软件的使用方法,使读者对基础工具有一定的了解与掌握;接着介绍了交换机安全访问的配置需求以及具体注意事项,同时也案例再现了基于 MAVC 地址以及基于 IP 地址安全访问控制列表的具体配置与操作;为了保证信息传输的可靠性,工业交换机会根据用户需求进行虚拟局域网的划分,以保证用户之间的一定屏蔽作用,利用案例说明了具体的操作方法;搭建网络中线路的冗余是必要的,以防止线路故障而导致信息的丢失,因此在后续的小节中又以案例的形式侧重 MRP 和 HRP 介绍了冗余链路的搭建与管理;因为冗余链路的弊端导致信息的广播风暴,以解决该问题提升工业网络的可靠性,以 RSTP 为例进行了讲述。

本章针对工业网络中交换机的典型配置与管理,以案例的形式进行简单的阐述,由浅入深地引导读者进一步了解工业以太网中交换机的角色与作用,为后续的学习奠定基础。

练习题

1. 工业交换机的管理与维护一般可以通过 RS-232 串行口或并行口、(　　)和(　　)三种方式进行。

2. 常用的以太网有线传输介质主要包括(　　)、(　　)和同轴电缆。

3. 简述工业通信过程中采用环形冗余网络结构的目的。

4. 简述在实施环间冗余网络结构时需要的注意事项。

5. 简述 VLAN 的优势。

6. 依据书中的项目,修改设置端口的“出站”ACL 规则并进行测试。

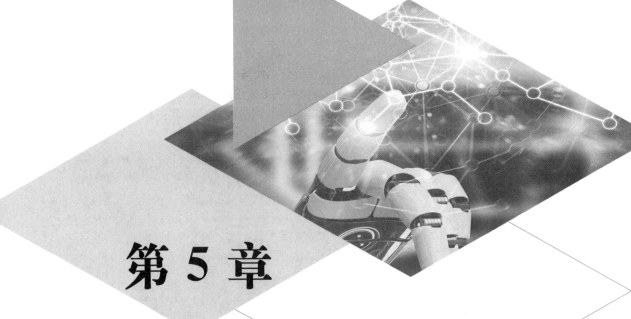

第 5 章

工业路由器的配置与管理

工业路由器采用高性能的工业级 32 位通信处理器和工业级无线模块,以嵌入式实时操作系统为软件支撑平台,同时提供多个接口,可同时连接串口设备、以太网设备和 Wi-Fi 设备,实现数据透明传输和路由功能。

工业路由器一般具有多项安全服务,拥有更丰富的路由协议,如 SNMP、静态路由器、策略路由器、统一管理协议等,通过这些协议,工业级路由器可以保证网络安全运行,保护用户资料不被窃取。随着技术的发展,已经广泛应用于物联网产业链中的 M2M 行业,如智能电网、智能交通、智能家居、金融物联网无线通信路由器、移动 POS 终端、供应链自动化、工业自动化、智能建筑和消防等领域。

5.1 路由技术概述

工业 LAN 可以是由少数几台 PLC 或工控机构成的网络,也可以是由数以百计的计算机、服务器、PLC、工控机和分布式 I/O 构成的企业生产网络。控制网络上的广播风暴,增加网络的安全性,进行集中化的管理控制,就是在局域网交换机上采用 VLAN 技术的初衷。但是这种技术也引发出一些新的问题:随着应用的升级,网络规划/实施者可根据情况在交换式局域网环境下将用户划分在不同 VLAN 上。但是 VLAN 之间的通信是不被允许的,这也包括地址解析 ARP 封包。要想通信就需要用路由器连接这些 VLAN,但传统路由器处理数据包的速度慢,用交换机速度快但不能解决广播风暴问题,在交换机上采用 VLAN 技术可以解决广播风暴问题,但又必须放置路由器来实现 VLAN 之间的互通。这形成了一个不可逾越的怪圈。在这种情况下,一种新的路由技术应运而生,这就是第三层交换技术,也称为 IP 交换技术、高速路由技术等。第三层交换技术是相对于传统交换概念而提出的。众所周知,传统的交换技术是在 OSI 网络标准模型中的第二层——数据链路层进行操作的,而第三层交换技术是在网络模型中的第三层实现了数据包的高速转发。

5.1.1　路由器

工业路由器是一种用于连接两个或两个以上网络的耐用器件,可将信号传送到指定端口。网关可对标准以太网与工业以太网协议、无线与有线接口、以太网与现场总线通信协议进行转换。处理器性能可达 200~1 500 MIPS(Million Instructions Per Second),片上存储器容量通常大于 256 KB 二级缓存,这种设备适用于无风扇冷却的恶劣工业环境。

工业路由器 WCDMA/HSDPA/HSUPA Router 无线路由器采用高性能的 32 位工业级 ARM9 通信处理器,以嵌入式实时操作系统为软件支撑平台,系统集成了全系列从逻辑链路层到应用层的通信协议,支持静态和动态路由、PPP server 和 PPP client、VPN(包括 PPTP 和 IPSEC)、DHCP server 和 DHCP client、DDNS、防火墙、NAT、DMZ 主机等功能。为用户提供安全、高速、稳定、可靠的各种协议路由转发无线路由网络,并广泛应用于气象、水利、金融、环保、邮政、电力等行业。

路由器是 OSI 协议模型的网络层中的分组交换设备(或网络层中继设备),路由器的基本功能是把数据(IP 报文)传送到正确的网络,具体包括以下几个方面:

(1)IP 数据报的转发,包括数据报的寻址和传输。

(2)IP 数据报的过滤和记录。

(3)IP 数据报的差错处理及简单的拥塞控制。

(4)子网隔离,抑制广播风暴。

(5)维护路由表,并与其他路由器交换路由信息。

路由器与工业以太交换机的主要区别体现在以下几个方面:

1.工作层次不同

最初的交换机是工作在 OSI 开放体系结构的第二层——数据链路层,而路由器工作在 OSI 模型的第三层——网络层。由于交换机工作在 OSI 的第二层,因此它的工作原理比较简单,而路由器工作在 OSI 的第三层,可以得到更多的协议信息,可以做出更加智能的转发决策。

2.数据转发所依据的对象不同

交换机是利用物理地址或 MAC 地址来确定转发数据的目的地址,而路由器则是利用不同网络的 ID 号(IP 地址)来确定数据转发的地址。IP 地址是在软件中实现的,描述的是设备所在的网络,有时这些第三层的地址也称为协议地址或者网络地址,IP 地址一般由网络管理员或系统自动分配。MAC 地址通常是硬件自带的,由网卡生产商来分配,而且已经固化到网卡中,一般来说是不可更改的。

3.传统的交换机只能分割冲突域,不能分割广播域,而路由器可以分割广播域

由于交换机连接的网段仍属于同一个广播域,广播数据包在交换机连接的所有网段上传播,因此在某些情况下会导致信息传输的拥挤和安全漏洞。连接到路由器上的网段会被分配成不同的广播域，广播数据不会穿过路由器。虽然第三层以上的交换机具有VLAN功能，也可以分割广播域，但是各子广播域之间是不能通信交流的，它们之间的交流仍然需要路由器。

4.路由器提供了防火墙的服务

路由器仅仅转发特定地址的数据包，不传送不支持路由协议的数据包和未知目标网络的数据包，从而可以有效地防止广播风暴。

5.1.2 路由表

路由表（Routing Tables）也可以称为路由择域信息库（Routing Info Base），是一个存储在路由器或者联网计算机中的电子表格（文件）或类数据库。路由表存储着指向特定网络地址的路径，主要包含网络周边的拓扑信息。路由表建立的主要目标是实现路由协议和静态路由选择。

在现代路由器构造中，路由表不直接参与数据包的传输，而是用于生成一个小型指向表，该表中只包含由路由算法选择的数据包传输优先路径。指向表通常是以压缩形式或提前编译好的形式存在，主要目的是优化硬件存储和查找。

路由表有两种生成方法：一是用手工配置路由表；二是由路由器自动生成路由表。按照路由表项目的生成方法，可把路由分为 4 类：本地路由、静态路由、默认路由和动态路由。

路由表的主要工作就是为经过路由器的每个数据包寻找一条最佳的传输路径，并将该数据有效地传送到目的地。其中选择最佳路径的策略即路由算法是路由器的关键所在。实际上，路由表就如同地图，标注着各种可行路线，路由表中保存着子网的标志信息、网上路由器的个数和下一个路由器的名字等内容。

在计算机网络中，一个二层网络可以被划分为多个不同的广播域，一个广播域对应一个特定的用户组，默认情况下这些不同的广播域是相互隔离的。不同的广播域之间想要通信，需要通过一个或多个路由器。这样的一个广播域就称为虚拟局域网（Virtual Local Area Network，VLAN）。它是一组逻辑上的设备和用户，这些设备和用户不受物理位置的限制，可以根据功能、部门及应用等因素将它们组织起来，相互之间的通信就如同它们在同一个网段中一样。虚拟局域网工作在 OSI 参考模型的第 2 层和第 3 层，一个 VLAN就是一个广播域，VLAN 之间的通信是通过第 3 层的路由器来完成的。与传统的局域网技术相比较，VLAN 技术具有以下优点：网络设备的移动、添加和修改的管理开销减少；可以控制广播活动；可以提高网络的安全性；简化网络的管理与维护；增强网络连接的灵活性；提高网络性能。

5.2 本地路由

本地路由也叫直连路由，是指对路由器的端口配置 IP 地址，一旦设备端口被激活，将在路由器中自动生成路由信息。直连路由的作用是使路由器不需要任何配置就能互相访问，不同网段的网关地址都在同一个路由器的接口上，属于直连路由，路由器会自动生成路由表，不需要手动配置就可以让 PC 之间互相 ping 通。其网络拓扑结构如图 5-1 所示。

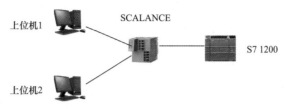

图 5-1　本地路由网络拓扑结构

上位机 1 的 IP 地址为 192.168.10.10，子网掩码为 255.255.255.0，网关为 10.1.1.1；上位机 2 的 IP 地址为 192.168.20.20，子网掩码为 255.255.255.0，网关为 10.1.2.1；S7 1200 的 IP 地址为 192.168.30.30，子网掩码为 255.255.255.0，网关为 10.1.3.1；SCALANCE XM408 P1 端口的 IP 地址为 10.1.1.1，子网掩码为 255.255.255.0；P2 端口的 IP 地址为 10.1.2.1，子网掩码为 255.255.255.0；P3 端口的 IP 地址为 10.1.3.1，子网掩码为 255.255.255.0。读者自行配置后，利用 ping 命令可以测试网络的连通情况，这里就不赘述了。

5.3　静态路由

静态路由是在路由器中设置的固定的路由表，是由网络管理人员通过手工方式在路由器中设置固定的路由表信息。除非网络管理员干预，否则静态路由不会发生变化。由于静态路由不能对网络的改变做出反应，因此一般用于网络规模不大、拓扑结构固定的网络中。网络管理员必须了解路由器的拓扑连接，通过手工方式指定路由路径，而且在网络拓扑发生变动时，也需要管理员手工修改路由路径。静态路由的优点是简单、高效、可靠。在所有的路由中，静态路由优先级最高。当动态路由与静态路由发生冲突时，以静态路由为准。

项目要求：某企业有两个部门，这两个部门的网络通过路由器连接，需要在路由器上进行适当的配置，实现两部门之间的信息传输。

项目目的：通过案例练习，理解静态路由的概念，同时掌握静态路由的配置方法以及静态路由的通信测试方法。

项目设备：SCALANCE XM408 交换机 2 台；PLC(S7 1200)一台；工业以太网线缆 3 根；上位机 1 台。

项目的网络拓扑结构如图 5-2 所示。

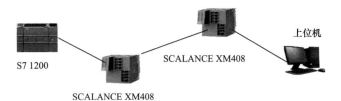

图 5-2　网络拓扑结构

项目的具体实现步骤如下：

第 1 步，将上位机的 IP 地址配置为 200.1.1.3，网关设置为 200.1.1.1（此处注意必须设置网关），如图 5-3 所示。

图 5-3　上位机的基本配置

第 2 步，利用 PST 将 S7 1200 的 IP 地址配置为 100.1.0.41，网关设置为 100.1.1.1，如图 5-4 所示。

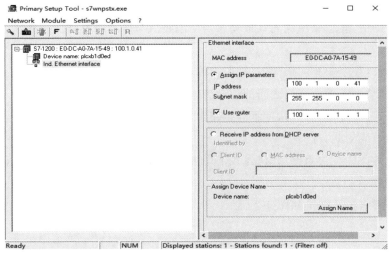

图 5-4　S7 1200 的配置

第 3 步,为 SCALANCE XM408 配置 IP 地址、子网掩码以及默认网关,完成后,在浏览器地址栏中输入 IP 地址(192.168.0.11),打开配置界面,进行 VLAN 配置,给对应的端口添加 VLAN150 和 VLAN200,如图 5-5 所示。

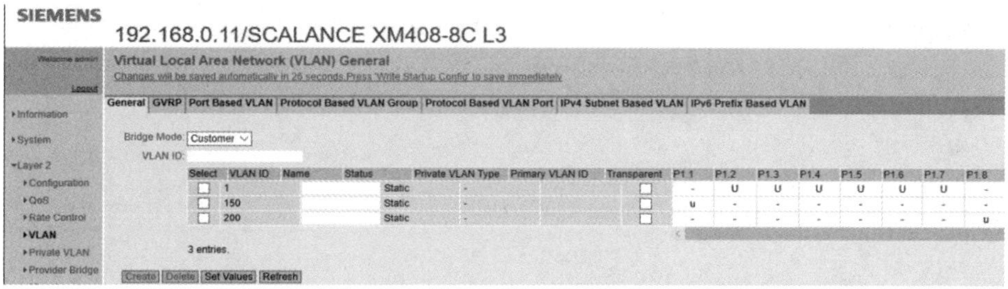

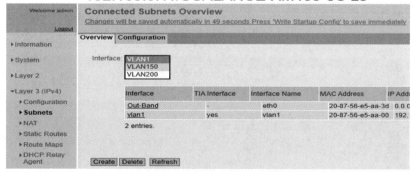

图 5-5 XM408 配置 VLAN

第 4 步,启动 XM408 路由功能,在目录树"Layer 3"中单击"Configuration"选项,在右侧打开的页面中选中"Routing"复选框,单击"Set Values"按钮,如图 5-6 所示。

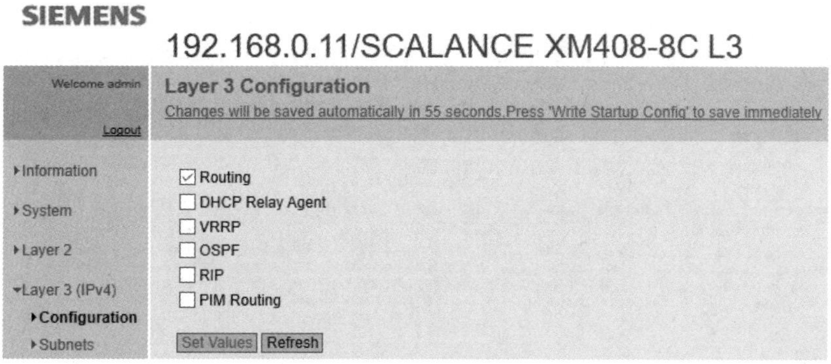

图 5-6 启动 XM 408 路由功能

第 5 步,分配网关 IP 给对应的 VLAN150。在目录树"Layer 3"中单击"Subnets"选项,在右侧打开的页面中选择"Overview"页签。在"Interface"下拉列表中选择 VLAN150,然后单击"Create"按钮,添加"VLAN150"条目,如图 5-7 所示。

图 5-7 配置 VLAN150

第 6 步,单击"Configuration"页签,选中"Interface"下拉列表中的"VLAN150"选项,将"IP Address"设置为 150.1.1.2,"Subnet Mask"设置为 255.255.0.0,单击"Set Values"按钮,如图 5-8 所示。

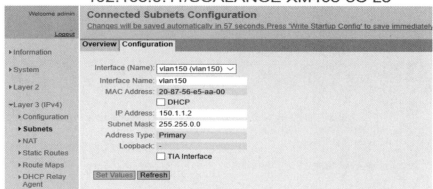

图 5-8 VLAN150 配置 IP 和子网掩码

第 7 步,同样的方法分配网关 IP 给对应的 VLAN200,如图 5-9 所示。

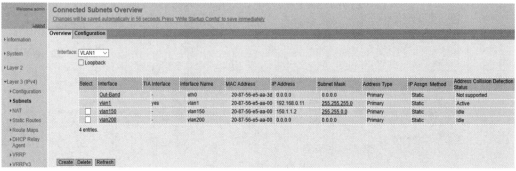

图 5-9 配置 VLAN200

第 8 步,与步骤 6 的操作一样,为 VLAN200 配置 IP 地址和子网掩码,如图 5-10 所示。

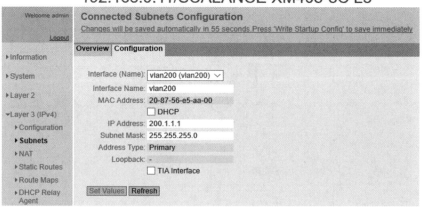

图 5-10 VLAN200 配置 IP 和子网掩码

第 9 步,添加静态路由表。在目录树"Layer 3"下单击"Static Routes"选项,将

"Destination Network"设置为 100.1.0.0，"Subnet Mask"设置为 255.255.255.0，"Gateway"设置为 150.1.1.1，单击"Create"按钮。如图 5-11 所示。

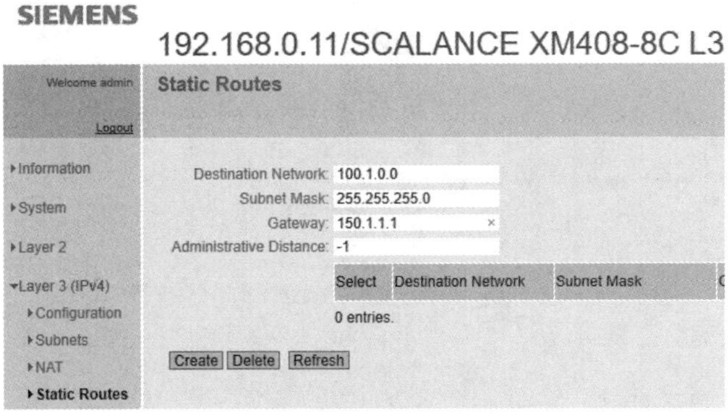

图 5-11 添加静态路由表

说明：从 200.1.1.0 网段到达 100.1.0.0 网段要经过 150.1.1.1 网关。

第 10 步，利用 PST 将第 2 个 SCALANCE XM408 的 IP 地址配置为 192.168.0.12，子网掩码 255.255.255.0。

第 11 步，给对应的端口添加 VLAN ID。方法和上述步骤一样，给对应的端口添加 VLAN100 和 VLAN150，如图 5-12 所示。

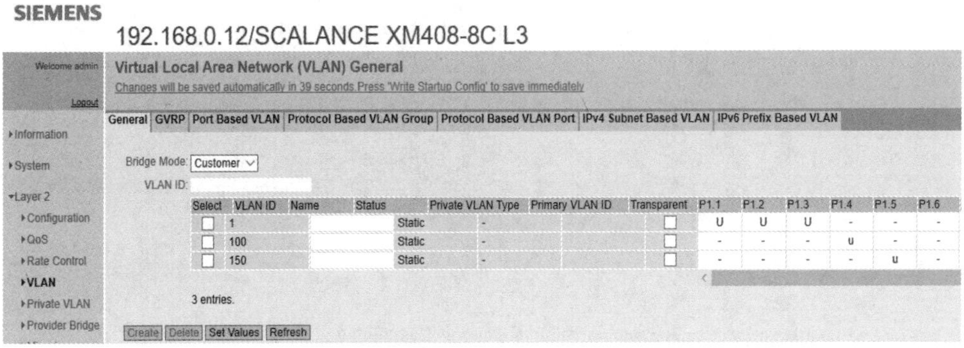

图 5-12 XM408 端口添加 VLAN100 和 VLAN150

第 12 步，启动 XM408 路由功能，在"Layer 3"目录树中单击"Configuration"选项，选中"Routing"复选框，单击"Set Values"按钮。

第 13 步，分配网关 IP 给对应的 VLAN100，具体方法同上，如图 5-13 所示。

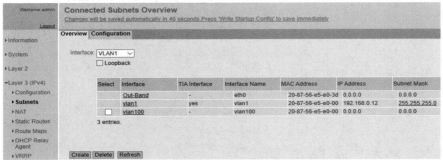

图 5-13 配置 VLAN100

第 14 步，为 VLAN100 配置 IP 地址和子网掩码，如图 5-14 所示。

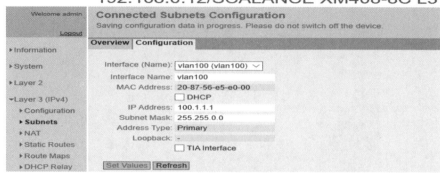

图 5-14　VLAN100 的 IP 地址和子网掩码配置

第 15 步，分配网关 IP 给对应的 VLAN150，具体方法与上述步骤相同，如图 5-15 所示。

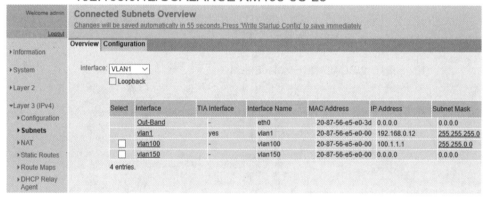

图 5-15　VLAN150 的配置

第 16 步，为 VLAN150 配置 IP 地址和子网掩码，如图 5-16 所示。

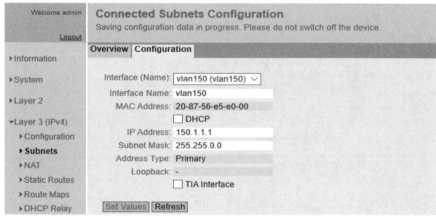

图 5-16　VLAN150 的 IP 地址和子网掩码配置

第 17 步,添加静态路由表,方法与上述步骤相同,如图 5-17 所示。

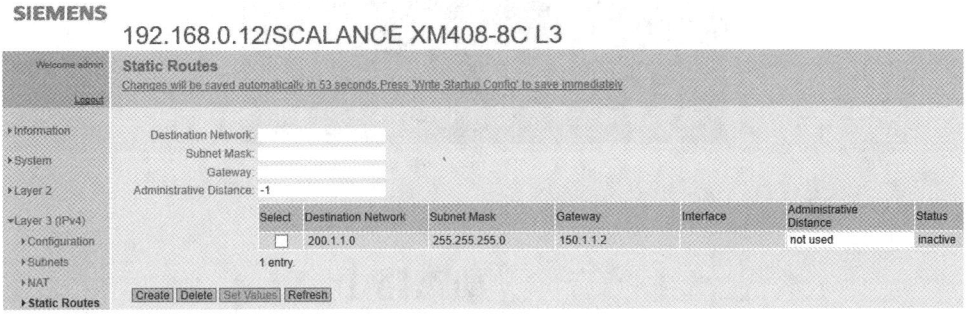

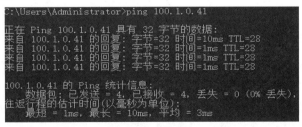

图 5-17　静态路由表的配置

第 18 步,为上位机配置 IP 地址为 200.1.1.3、子网掩码为 255.255.0.0 和默认网关为 200.1.1.1,如图 5-18 所示。

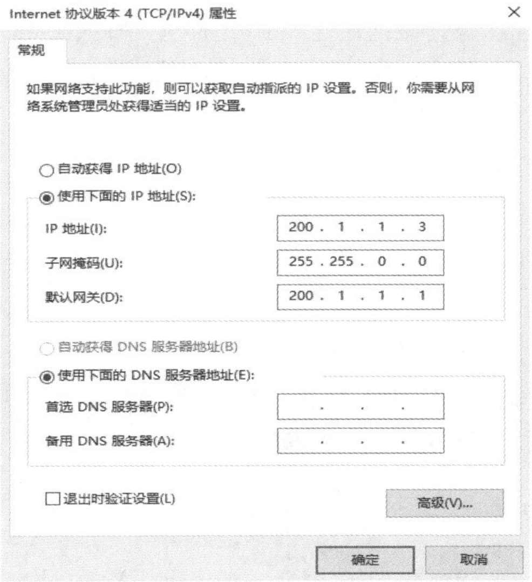

图 5-18　上位机的配置

第 19 步,验证通信效果。在上位机的"命令提示符"环境中输入命令"ping 100.1.0.41",结果如图 5-19 所示。

图 5-19　通信成功

补充:在"命令提示符"环境中输入路由命令"tracert 100.1.0.41"。可以看出,报文首先到达第二个路由器中的 200.1.1.1 网关,通过路由器查看静态路由表,发现下一个路径,接着把报文转发到第一个路由器中的 150.1.1.1 网关,如图 5-20 所示。

图 5-20　跟踪路由

5.4　动态路由

　　动态路由协议使路由器能够动态寻找网络最佳路径,保证所有路由器拥有相同的路由表,一般路由协议决定数据包在网络上的行走路径,如 RIP 和 OSPF 等。路由消息在路由器之间传送,允许路由器与其他路由器通信,生成、更新和维护路由选择表。

　　动态路由的特点如下:

　　(1)无须管理员手工维护,减轻了管理员的工作负担。

　　(2)占用了网络带宽。

　　(3)在路由器上运行路由协议,使路由器可以自动根据网络拓扑结构的变化调整路由条目。

　　(4)适合网络规模大、拓扑复杂的网络。

　　常见的动态路由协议有 RIP、OSPF、IS-IS、BGP。每种路由协议的工作方式、选路原则等都有所不同,本章主要介绍 RIP 与 OSPF。

5.4.1　RIP 路由

　　路由信息协议(Routing Informatics Protocols,RIP)是由 Xerox 公司在 20 世纪 70 年代开发的,是基于距离矢量算法的路由协议。RIP 通过广播的方式公告路由信息,然后各自计算经过路由器的跳数来生成自己的路由表。生成的路由表信息由目标网络地址、转发路由器地址和经过的路由器数量组成,分别用来表示目标、方向和距离,因此也称为距离矢量路由协议。

　　RIP 路由通过计算抵达目的地的最少跳数来选取最佳路径。在 RIP 中,规定最大跳级数为 15,如果从网络的一个终端到另一个终端的路由跳数超过 15 个,就被认为牵扯到了循环,因此当一个路径达到 16 跳,将被认为是不可达的,继而从路由表中删除。RIP 的最基本思路是,相邻路由器之间定时广播信息,互相交换路由表,并且只和相邻路由器交换。配置 RIP 路由协议,首先需要创建 RIP 的路由进程,并定义与 RIP 路由进程关联的网络。具体操作如下:

route rip

network network-number

RIP V1 是 TCP/IP 协议簇里最早的路由协议,它原始版本发送的路由更新消息不带子网掩码消息,因此不支持变长子网掩码和无类域间路由,只能在严格使用 A、B、C 类地址的环境中使用。然而随着 IP 地址的日益缺乏,地址中启用了子网掩码地址类型,因此提出了 RIP V2。

RIP V2 除更新信息带子网掩码外,还使用组播方式发送更新信息,而不像 RIP V1 使用广播报文。这样不仅节省了网络资源,而且在限制广播报文的网络中仍然可用。RIP V2 也不再像 RIP V1 那样无条件地接受来自任何邻居的路由更新,而只接受具有相同验证字段相邻路由的更新,提高了安全性。

项目要求:某厂区两个部门之间通过路由器相连,现因业务需求,要在路由器上做动态路由协议 RIP 配置,实现两部门内部主机的相互通信。

项目目的:了解 RIP 协议,理解并掌握 RIP 协议的配置与管理。

项目设备:XM 408 两台;PLC(S7 1200)一台;上位机一台;工业以太网线缆三根。

项目功能:根据厂区需求,进行网络拓扑结构的搭建以实现距离矢量路由,提升通信的可靠性,其网络拓扑结构如图 5-21 所示。

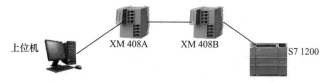

图 5-21 网络拓扑结构

项目的具体实施步骤如下:

第 1 步,配置上位机的 IP 地址为 192.168.0.111、子网掩码为 255.255.255.0。

第 2 步,用工业以太网线缆将上位机与 XM 408A 连接,利用 PST 软件为其配置 IP 地址(192.168.0.11)、子网掩码(255.255.255.0)。

第 3 步,在浏览器地址栏中输入 192.168.0.11 进入 XM 408A 配置界面,选择"Layer 2"目录树下的"VLAN"选项,选择"General"页签,创建两个 VLAN,分别是 VLAN50(端口 P1)和 VLAN100(端口 P8),创建完成后,单击"Set Values"按钮,如图 5-22 所示。

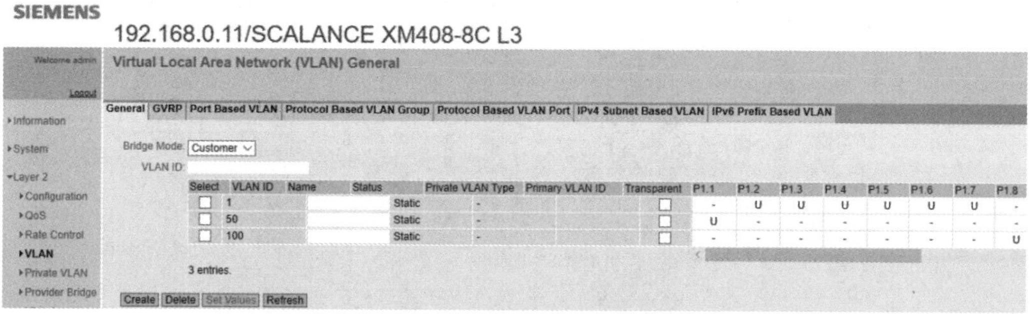

图 5-22 XM 408 配置 VLAN

第 4 步,选择"Port Based VLAN"页签,在该页签下对端口进行 VLAN 对应,如图 5-23 所示。

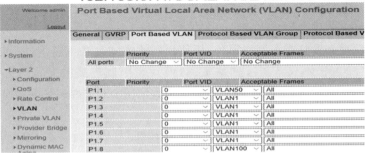

图 5-23　配置端口与 VLAN 对应

第 5 步，选择"Layer 3（IPv4）"目录树下的"Subnets"选项，在"Overview"页签中的"Interface"下拉列表中分别选择"valn50"和"vlan100"选项，单击"Create"按钮，创建两个子网。

第 6 步，单击"Configuration"页签，在"Interface"下拉列表中选择"vlan50"，配置其 IP 地址（100.1.1.1）和子网掩码（255.255.0.0），如图 5-24 所示。

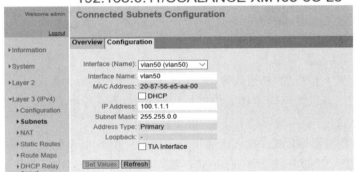

图 5-24　配置子网"vlan50"的 IP 地址和子网掩码

第 7 步，同样方法配置"vlan100"的 IP 地址（150.1.1.1）和子网掩码（255.255.0.0），如图 5-25 所示。

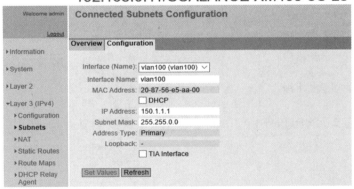

图 5-25　配置子网"vlan100"的 IP 地址和子网掩码

第 8 步,XM 408A 配置完子网以后,单击"Overview"页签,查看配置情况,如图 5-26 所示。

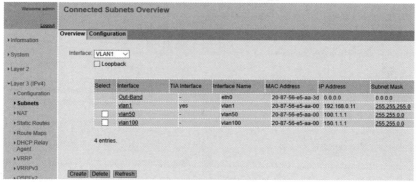

图 5-26 子网配置最终情况

第 9 步,选择"Layer 3(IPv4)"目录树下的"RIPv2"选项,在"Configuration"页签中选中 "RIPv2"复选框,启动 RIP 协议,其他参数不变,单击"Set Values"按钮,如图 5-27 所示。

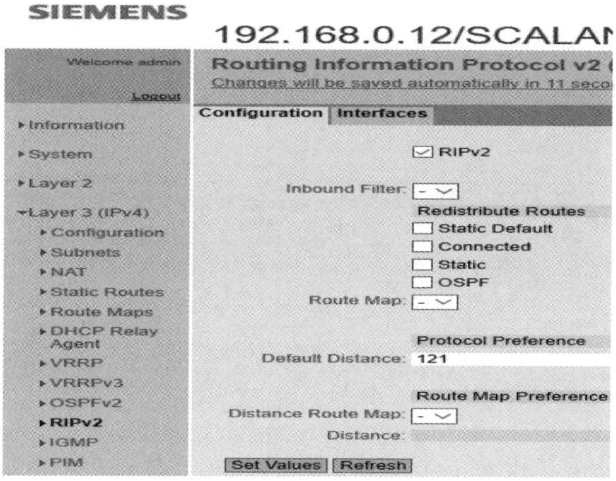

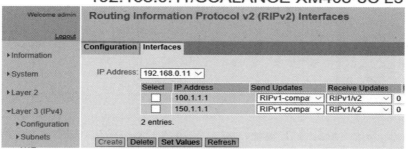

图 5-27 启动 RIP 协议

第 10 步,单击"Interfaces"页签,在"IP Address"下拉列表框中分别选择 100.1.1.1 和 150.1.1.1,单击"Create"按钮,创建数据接收和发送模式,如图 5-28 所示。

图 5-28 端口接收、发送数据模式配置

第 11 步,同样的方法为 XM 408B 配置 IP 地址(192.168.0.12)和子网掩码(255.255.255.0),并通过浏览器登录配置界面为其创建 VLAN100 和 VLAN150,并在"Port Based VLAN"页签中为 VLAN 指定端口,如图 5-29 所示。

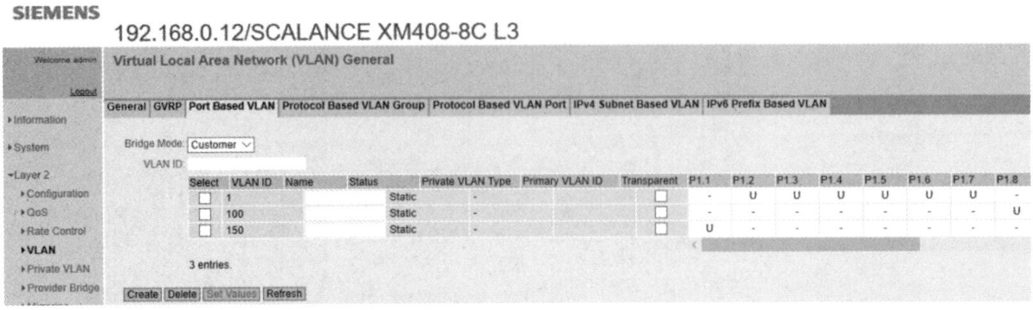

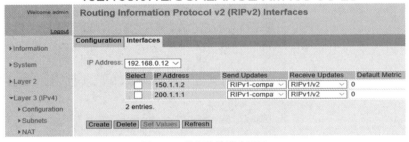

图 5-29　XM 408B 创建 VLAN

第 12 步,在"Layer 3(IPv4)"目录树下选择"Subnets"选项,同样方法为其配置 IP 地址和子网掩码,如图 5-30 所示。

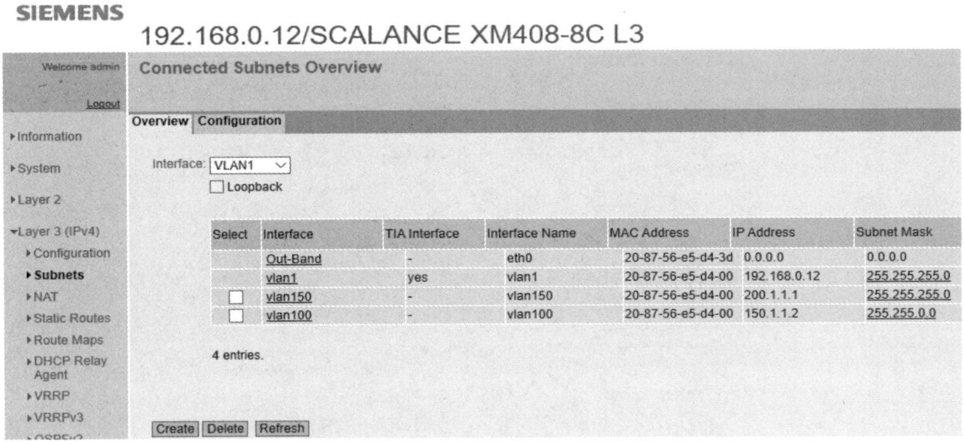

图 5-30　配置子网的 IP 地址与子网掩码

第 13 步,同样的方法启动 RIP 协议,并在"Interfaces"页签中为其指定数据传输模式,如图 5-31 所示。

图 5-31　数据传输模式配置

第 14 步,修改上位机的 IP 地址(100.1.1.10)和子网掩码(255.255.0.0),并按照网络拓扑结构搭建网络结构,验证通信效果,如图 5-32 所示。

```
C:\Users\Administrator>ping 200.1.1.20

正在 Ping 200.1.1.20 具有 32 字节的数据:
来自 200.1.1.20 的回复: 字节=32 时间=9ms TTL=28
来自 200.1.1.20 的回复: 字节=32 时间=2ms TTL=28
来自 200.1.1.20 的回复: 字节=32 时间=1ms TTL=28
来自 200.1.1.20 的回复: 字节=32 时间=2ms TTL=28

200.1.1.20 的 Ping 统计信息:
    数据包: 已发送 = 4, 已接收 = 4, 丢失 = 0 (0% 丢失),
往返行程的估计时间(以毫秒为单位):
    最短 = 1ms, 最长 = 9ms, 平均 = 3ms
```

图 5-32　上位机与 PLC 通信

第 15 步,通过浏览器查看 XM 408A 和 XM 408B 的路由表,如图 5-33 所示。

SIEMENS

192.168.0.11/SCALANCE XM408-8C L3

Layer 3: IPv4 Routing Table

Welcome admin

Logout

▾Information
▸Start Page
▸Versions
▸I&M
▸ARP / Neighbors
▸Log Table
▸Faults
▸Redundancy
▸Ethernet Statistics
▸Unicast
▸Multicast
▸LLDP
▸FMP
▸IPv4 Routing

Routing Table	OSPFv2 Interfaces	OSPFv2 Neighbors	OSPFv2 Virtual Neighbors	OSPFv2 LSDB	RIPv2 Statistics	NA

Destination Network	Subnet Mask	Gateway	Interface	Metric	Routing Protocol
100.0.0.0	255.0.0.0	0.0.0.0	vlan100	0	connected
150.1.0.0	255.255.0.0	0.0.0.0	vlan100	0	connected
192.168.0.0	255.255.255.0	0.0.0.0	vlan1	0	connected
200.0.0.0	255.0.0.0	150.1.1.2	vlan100	2	RIP

4 entries.

[Refresh]

图 5-33　XM 408A 路由表

说明:通过路由表的最后一行显示可以看出 XM 408A 启动了 RIP 协议。

5.4.2　OSPF 路由

开放式最短路径优先(Open Shortest Path First,OSPF)是广泛使用的一种动态路由协议,它属于链路状态路由协议,具有路由变化收敛速度快、无路由环路、支持变长子网掩码(VLSM)和汇总、层次区域划分等优点。在网络中使用 OSPF 协议后,大部分路由将由 OSPF 协议自行计算和生成,无须网络管理员手工配置,当网络拓扑发生变化时,协议可以自动计算、更正路由,极大地方便了网络管理。但如果使用时不结合具体网络应用环境,不做好细致的规划,OSPF 协议的使用效果会大打折扣,甚至引发故障。

OSPF 协议是一种链路状态协议。每个路由器负责发现、维护与邻居的关系,并将已知的邻居列表和链路状态更新(Link State Update,LSU)报文描述,通过可靠的泛洪与自治系统(Autonomous System,AS)内的其他路由器周期性交互,学习整个自治系统的网络拓扑结构。并通过自治系统边界的路由器注入其他 AS 的路由信息,从而得到整个 Internet 的路由信息。每隔一个特定时间或当链路状态发生变化时,重新生成链路状态广播(Link State Advertisement,LSA),路由器通过泛洪机制将新 LSA 通告出去,以便实现路由的实时更新。

具体实现过程如下：

第1步，初始化形成端口初始信息：在路由器初始化或网络结构发生变化（如链路发生变化，路由器新增或损坏）时，相关路由器会产生 LSA 数据包，该数据包里包含路由器上所有相连的链路，即所有端口的状态信息。

第2步，路由器间通过泛洪（Flooding）机制交换链路状态信息：一方面将其 LSA 数据包传送给所有与其相邻的 OSPF 路由器；另一方面接收其相邻的 OSPF 路由器传来的 LSA 数据包，根据信息更新自己的数据库。

第3步，形成稳定的区域拓扑结构数据库：OSPF 路由协议通过泛洪法逐渐收敛，形成该区域拓扑结构的数据库，这时所有的路由器均保留了该数据库的一个副本。

第4步，形成路由表：所有的路由器根据其区域拓扑结构数据库副本采用最短路径法计算形成各自的路由表。

OSPF 的优点具体表现如下：

1.OSPF 协议适合大范围的网络

由于 OSPF 协议对路由的跳数没有限制，因此 OSPF 协议适合在很多场合下应用，同时也支持更加广泛的网络规模。在组播的网络中，OSPF 协议能够支持数十台路由器一起运作。

2.OSPF 协议采用组播触发式更新

OSPF 协议在收敛完成后，以触发方式发送拓扑变化的信息给其他路由器，这样可以减少网络宽带的利用率。同时，可以减小干扰，特别是在使用组播网络结构对外发出信息时，它对其他设备不构成影响。

3.OSPF 协议收敛速度快

如果网络结构出现改变，OSPF 协议的系统会以最快的速度发出新的报文，从而使新的拓扑情况很快扩散到整个网络。而且 OSPF 采用周期较短的 HELLO 报文来维护邻居状态。

4.OSPF 协议以开销作为度量值

OSPF 协议是以开销值作为标准，链路开销和链路带宽之间正好呈反比的关系，即带宽越高，开销越小。因此 OSPF 在选择路径时主要基于带宽因素作为着手点。

5.OSPF 协议可以避免路由环路

在使用最短路径的算法下，收到路由中的链路状态，然后生成路径，这样不会产生环路。

6.应用广泛

OSPF 协议广泛地应用在互联网上。

7.区域划分

OSPF 协议允许自治系统的网络被划分成区域来进行管理，区域间传送的路由信息被进一步抽象，从而减少了占用网络的带宽。

8.路由分级

OSPF 使用 4 类不同的路由，按优先顺序来说分别是区域内路由、区域间路由、第一类外部路由、第二类外部路由。

项目目的:了解动态路由的特点及应用范围;掌握 OSPF 的实施方法。

项目设备:SCALANCE XM408 两台;SCALANCE XB208(用于组建 Network 2)一台;S7 1200(其中 S7 1200A 只作为展示网络结构使用,并不读取其中数据)两台;上位机一台;工业以太网线缆五根。

项目功能:利用动态路由协议实现网络的便利管理,减少人力的投入,其网络拓扑结构如图 5-34 所示。

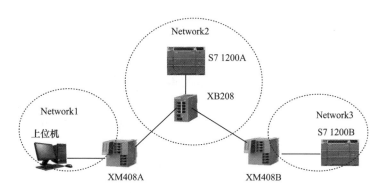

图 5-34 网络拓扑结构

项目的具体操作步骤如下:

第 1 步,SCALANCE XM408A 与上位机相连,利用 PST 为其设置 IP 地址(192.168.0.11/24)和子网掩码(255.255.255.0)。

第 2 步,在浏览器的地址栏中输入 192.168.0.11,登录后进入 SCALANCE XM408A 的网络配置界面。在网络配置界面的左侧列表目录树中选择"Layer 2"下的"VLAN"选项,按照组态要求给对应的端口添加 VLAN100(P1)和 VLAN150(P8),结果如图 5-35 所示。

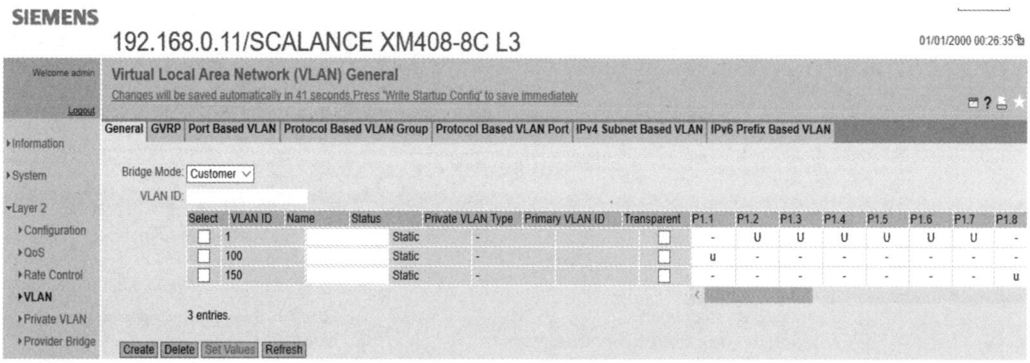

图 5-35 XM408A 端口分配虚拟局域网

第 3 步,选择"Layer 3(IPv4)"目录树中的"Subnets"选项,打开子网配置界面,在右侧界面中,选择"Configuration"页签,在"Interface"下拉列表框中选择"vlan100"选项,"IP Address"中输入"100.1.1.1","Subnet Mask"中输入"255.255.0.0",单击"Set Values"按钮,结果如图 5-36 所示。

SIEMENS
192.168.0.11/SCALAI
Welcome admin
Logout
Information
System
Layer 2
Layer 3 (IPv4)
Configuration
Subnets
NAT
Static Routes
Route Maps
DHCP Relay Agent
Connected Subnets Configuratic
Changes will be saved automatically in 25 sec
Overview
Configuration
Interface (Name): vlan100 (vlan100)
Interface Name: vlan100
MAC Address: 20-87-56-e5-aa-00
DHCP
IP Address: 100.1.1.1
Subnet Mask: 255.255.0.0
Address Type: Primary
Loopback: -
TIA Interface
Set Values
Refresh

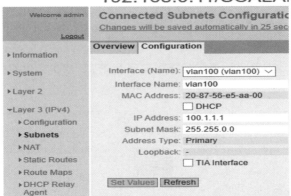

图 5-36　配置“vlan100”的 IP 地址和子网掩码

第 4 步，为“vlan150”配置 IP 地址和子网掩码，方法同上，选择“Overview”页签可查看配置结果，如图 5-37 所示。

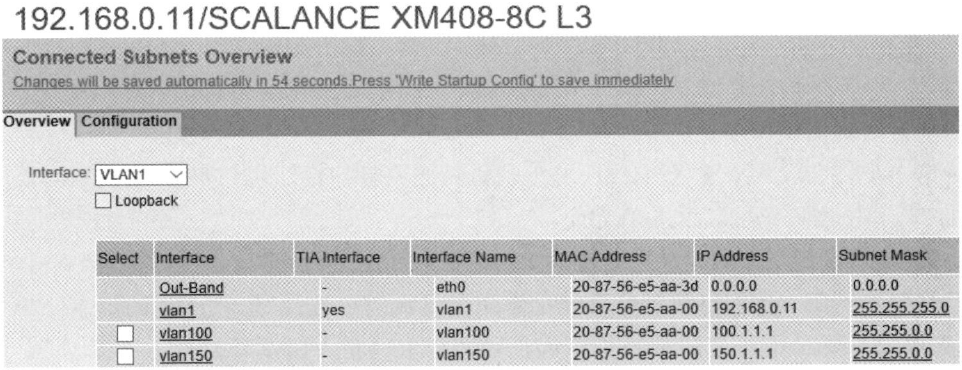

192.168.0.11/SCALANCE XM408-8C L3
Connected Subnets Overview
Changes will be saved automatically in 54 seconds.Press 'Write Startup Config' to save immediately
Overview
Configuration
Interface: VLAN1
Loopback
Select
Interface
TIA Interface
Interface Name
MAC Address
IP Address
Subnet Mask
Out-Band - eth0 20-87-56-e5-aa-3d 0.0.0.0 0.0.0.0
vlan1 yes vlan1 20-87-56-e5-aa-00 192.168.0.11 255.255.255.0
vlan100 - vlan100 20-87-56-e5-aa-00 100.1.1.1 255.255.0.0
vlan150 - vlan150 20-87-56-e5-aa-00 150.1.1.1 255.255.0.0

图 5-37　XM408A 虚拟局域网端口 IP 地址与子网掩码配置

第 5 步，在“Layer 3”目录树下选择“OSPFv2”选项，在右侧打开界面，选择“Configuration”页签，选中“OSPFv2”复选框，将“Router ID”设置与交换机 SCALANCE XM408A 的 IP 地址相同，单击“Set Values”按钮，结果如图 5-38 所示。

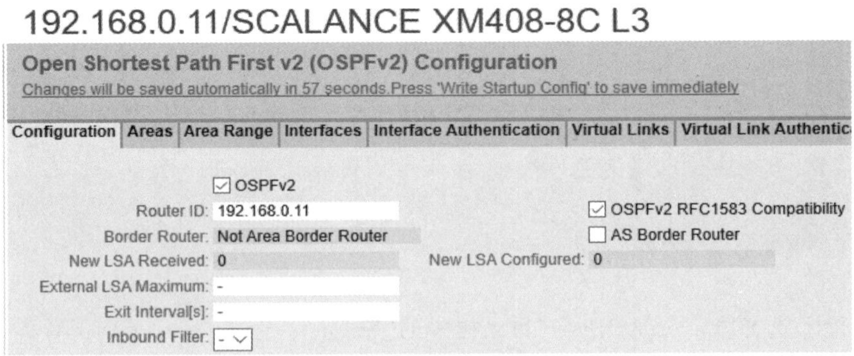

192.168.0.11/SCALANCE XM408-8C L3
Open Shortest Path First v2 (OSPFv2) Configuration
Changes will be saved automatically in 57 seconds.Press 'Write Startup Config' to save immediately
Configuration
Areas
Area Range
Interfaces
Interface Authentication
Virtual Links
Virtual Link Authentic
OSPFv2
Router ID: 192.168.0.11
OSPFv2 RFC1583 Compatibility
Border Router: Not Area Border Router
AS Border Router
New LSA Received: 0
New LSA Configured: 0
External LSA Maximum: -
Exit Interval[s]: -
Inbound Filter: -

图 5-38　XM408A 的 OSPF 配置路由 ID

说明：“Router ID”是一个 32 位的无符号整数，是路由器的唯一标识，在整个 OSPF 域中必须唯一。

第 6 步，单击"Areas"页签，根据项目的网络拓扑结构为交换机 SCALANCE XM408A 添加与之相连接的两个区域：Area0 和 Area1。Area0 是 Backbone 区域，将 Area ID 设置为 0.0.0.0。Area1 是 Normal 区域，将 Area ID 设置为 0.0.0.1，单击"Set Values"按钮，如图 5-39 所示。

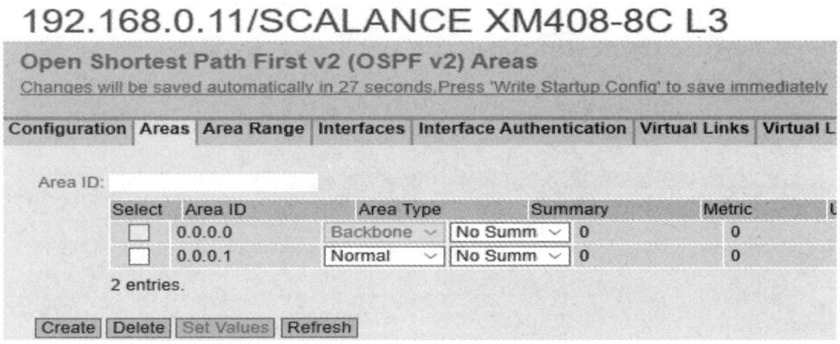

图 5-39　XM408A 交换机端口相连区域的配置

第 7 步，单击"Interfaces"页签，添加 OSPF 路由接口，IP 子网与相应的 Area ID 相对应。在"IP Address"下拉列表中选择"100.1.1.1"，在"Area ID"下拉列表中选择"0.0.0.1"，单击"Create"按钮；在"IP Address"下拉列表中选择"150.1.1.1"，在"Area ID"下拉列表中选择"0.0.0.0"，单击"Create"按钮，其他参数不变，结果如图 5-40 所示。

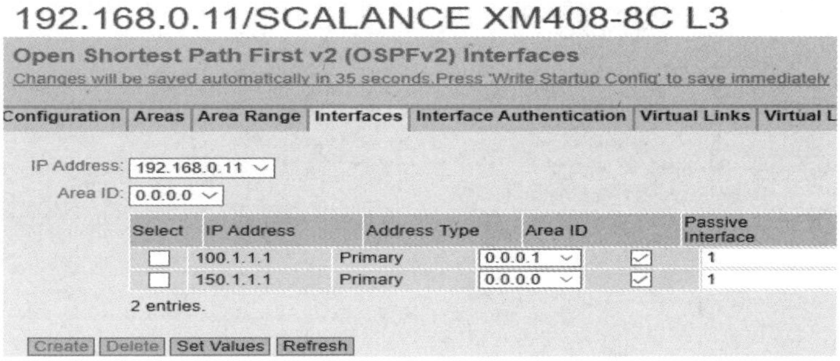

图 5-40　XM408A 的 OSPF 路由接口配置

第 8 步，上位机与 SCALANCE XM408B 相连，为其设置 IP 地址（192.168.0.12/24）和子网掩码（255.255.255.0）。

第 9 步，在浏览器地址栏中输入 192.168.0.12，进入 SCALANCE XM408B 的网络配置界面。在网络配置界面的左侧列表目录树中选择"Layer 2"下的"VLAN"选项。在右侧界面中选择"General"页签，按照组态要求给对应的端口添加 VLAN150（P8）和 VLAN200（P1），如图 5-41 所示。

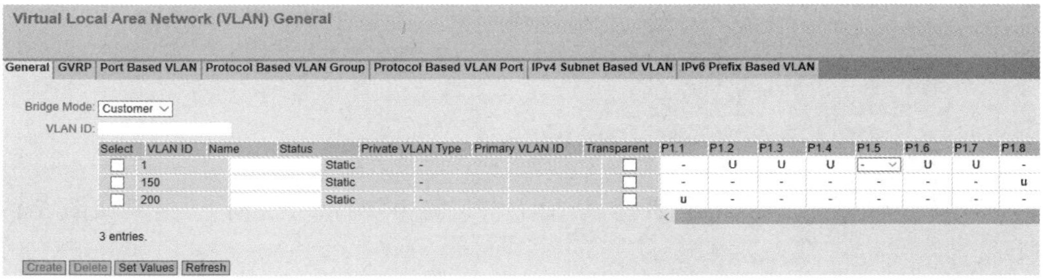

图 5-41　XM408B 端口分配虚拟局域网

第 10 步，XM408B 虚拟局域网端口配置。为 VLAN200 和 VLAN150 分别增加 200.
1.1.1/24 和 150.1.1.2/16 的网关，方法同上，配置结果如图 5-42 所示。

192.168.0.12/SCALANCE XM408-8C L3

Connected Subnets Overview
Changes will be saved automatically in 41 seconds. Press 'Write Startup Config' to save immediately

Overview | Configuration

Interface: VLAN1 ▾
☐ Loopback

Select	Interface	TIA Interface	Interface Name	MAC Address	IP Address	Subnet Mask
	Out-Band	-	eth0	20-87-56-e5-d4-3d	0.0.0.0	0.0.0.0
	vlan1	yes	vlan1	20-87-56-e5-d4-00	192.168.0.12	255.255.255.0
☐	vlan150	-	vlan150	20-87-56-e5-d4-00	150.1.1.2	255.255.0.0
☐	vlan200	-	vlan200	20-87-56-e5-d4-00	200.1.1.1	255.255.255.0

4 entries.

图 5-42　XM408B 虚拟局域网端口 IP 地址与子网掩码配置

第 11 步，在"Layer 3"目录树下选择"OSPFv2"选项，在"Configuration"页签下，选
中"OSPFv2"复选框，输入"Router ID"与交换机 SCALANCE XM408B 的 IP 地址相同，
单击"Set Values"按钮，结果如图 5-43 所示。

192.168.0.12/SCALANCE XM408-8C L3

Open Shortest Path First v2 (OSPFv2) Configuration
Changes will be saved automatically in 56 seconds. Press 'Write Startup Config' to save immediately

Configuration | Areas | Area Range | Interfaces | Interface Authentication | Virtual Links | Virtual Link Authentica

☑ OSPFv2
Router ID: 192.168.0.12　　　　　　　　　　　☑ OSPFv2 RFC1583 Compatibility
Border Router: Not Area Border Router　　　　　☐ AS Border Router
New LSA Received: 0　　　　　　　New LSA Configured: 0
External LSA Maximum: -
Exit Interval[s]: -
Inbound Filter: - ▾

图 5-43　XM408B 的 OSPF 配置路由 ID

第 12 步，单击"Areas"页签，为 XM408B 添加骨干区(Area0，Area ID 是 0.0.0.0)，和
非骨干区(Area2，Area ID 是 0.0.0.2)，结果如图 5-44 所示。

192.168.0.12/SCALANCE XM408-8C L3

Open Shortest Path First v2 (OSPF v2) Areas
Saving configuration data in progress. Please do not switch off the device.

Configuration | Areas | Area Range | Interfaces | Interface Authentication | Virtual Lin

Area ID:

Select	Area ID	Area Type	Summary	Me
☐	0.0.0.0	Backbone ▾	No Summ ▾	0
☐	0.0.0.2	Normal ▾	No Summ ▾	0

2 entries.

Create | Delete | Set Values | Refresh

图 5-44　XM408B 交换机端口相连区域的配置

第 13 步，单击"Interfaces"页签，添加 OSPF 路由接口，方法同上，结果如图 5-45
所示。

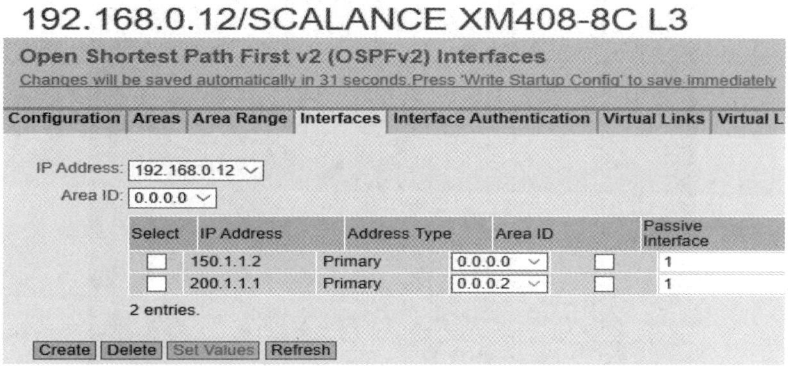

192.168.0.12/SCALANCE XM408-8C L3

Open Shortest Path First v2 (OSPFv2) Interfaces

Changes will be saved automatically in 31 seconds.Press 'Write Startup Config' to save immediately

| Configuration | Areas | Area Range | Interfaces | Interface Authentication | Virtual Links | Virtual L |

IP Address: 192.168.0.12 ∨
Area ID: 0.0.0.0 ∨

Select	IP Address	Address Type	Area ID	Passive Interface
☐	150.1.1.2	Primary	0.0.0.0 ∨	☐ 1
☐	200.1.1.1	Primary	0.0.0.2 ∨	☐ 1

2 entries.

[Create] [Delete] [Set Values] [Refresh]

图 5-45 XM408B 的 OSPF 路由接口配置

说明：IP Address 200.1.1.1 与 Area ID 0.0.0.2 相对应，IP Address 150.1.1.2 与 Area ID 0.0.0.0 相对应。

第 14 步，上位机配置 IP 地址为 100.1.1.10/16，子网掩码为 255.255.0.0。

第 15 步，利用博途和 PST 为 S7 1200B 配置 IP 地址为 200.1.1.20/24，子网掩码为 255.255.255.0

第 16 步，按照项目的网络拓扑结构连接各交换机、PLC 和上位机。

第 17 步，在 SCALANCE XM408A 配置界面中的左侧 "Information" 目录树中选择 "IPv4 Routing" 选项，查看 SCALANCE XM408A 的路由表，如图 5-46 所示。

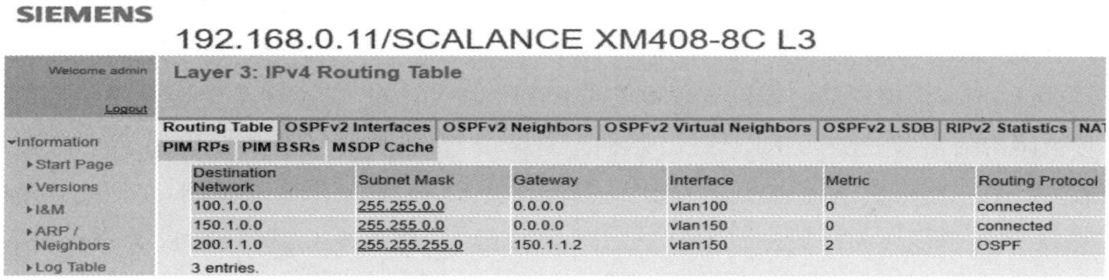

SIEMENS
192.168.0.11/SCALANCE XM408-8C L3

Welcome admin
Logout

Layer 3: IPv4 Routing Table

▼Information
▸ Start Page
▸ Versions
▸ I&M
▸ ARP / Neighbors
▸ Log Table

Routing Table	OSPFv2 Interfaces	OSPFv2 Neighbors	OSPFv2 Virtual Neighbors	OSPFv2 LSDB	RIPv2 Statistics	NAT
PIM RPs	PIM BSRs	MSDP Cache				

Destination Network	Subnet Mask	Gateway	Interface	Metric	Routing Protocol
100.1.0.0	255.255.0.0	0.0.0.0	vlan100	0	connected
150.1.0.0	255.255.0.0	0.0.0.0	vlan150	0	connected
200.1.1.0	255.255.255.0	150.1.1.2	vlan150	2	OSPF

3 entries.

图 5-46 运行后的 SCALANCE XM408A 路由表

说明：由 OSPF 动态生成路径：100.1.0.0—150.1.1.2—200.1.1.0。

第 18 步，同样方法查看 SCALANCE XM408B 的路由表，如图 5-47 所示。

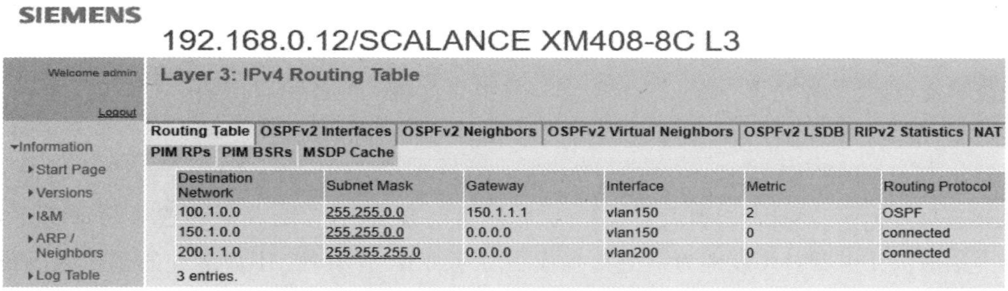

SIEMENS
192.168.0.12/SCALANCE XM408-8C L3

Welcome admin
Logout

Layer 3: IPv4 Routing Table

▼Information
▸ Start Page
▸ Versions
▸ I&M
▸ ARP / Neighbors
▸ Log Table

Routing Table	OSPFv2 Interfaces	OSPFv2 Neighbors	OSPFv2 Virtual Neighbors	OSPFv2 LSDB	RIPv2 Statistics	NAT
PIM RPs	PIM BSRs	MSDP Cache				

Destination Network	Subnet Mask	Gateway	Interface	Metric	Routing Protocol
100.1.0.0	255.255.0.0	150.1.1.1	vlan150	2	OSPF
150.1.0.0	255.255.0.0	0.0.0.0	vlan150	0	connected
200.1.1.0	255.255.255.0	0.0.0.0	vlan200	0	connected

3 entries.

图 5-47 运行后的 SCALANCE XM408B 路由表

说明：由 OSPF 动态生成路径：200.1.1.0—150.1.1.—100.1.0.0。

用户也可以通过上位机的命令提示符界面，利用 ping 命令验证与 S7-1200 PLC 可以相互通信。如图 5-48 所示。

```
C:\Users\Administrator>ping 200.1.1.20

正在 Ping 200.1.1.20 具有 32 字节的数据:
来自 200.1.1.20 的回复: 字节=32 时间=11ms TTL=28
来自 200.1.1.20 的回复: 字节=32 时间=1ms TTL=28
来自 200.1.1.20 的回复: 字节=32 时间=2ms TTL=28
来自 200.1.1.20 的回复: 字节=32 时间=1ms TTL=28

200.1.1.20 的 Ping 统计信息:
    数据包: 已发送 = 4, 已接收 = 4, 丢失 = 0 (0% 丢失),
往返行程的估计时间(以毫秒为单位):
    最短 = 1ms, 最长 = 11ms, 平均 = 3ms

C:\Users\Administrator>tracert 200.1.1.20

通过最多 30 个跃点跟踪到 200.1.1.20 的路由

  1     2 ms     2 ms     2 ms  100.1.1.1
  2     2 ms     2 ms     2 ms  150.1.1.2
  3     1 ms     2 ms     1 ms  200.1.1.20

跟踪完成。
```

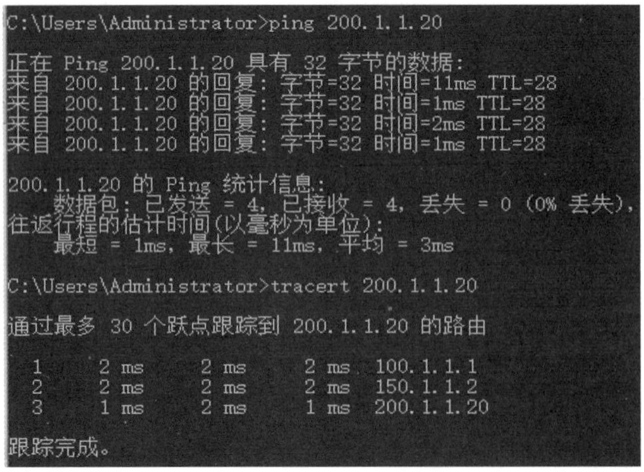

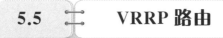

图 5-48　验证与 PLC 连通

读者也可以自行通过博途软件来验证连通性，在项目中设置变量，通过运行来验证其可通信性。

5.5　VRRP 路由

虚拟路由器冗余协议（Virtual Router Redundancy Protocol，VRRP）是一种选择协议，它可以把一个虚拟路由器的责任动态分配到局域网上的 VRRP 路由器中的一台。控制虚拟路由器 IP 地址的 VRRP 路由器称为主路由器，它负责转发数据包到这些虚拟 IP 地址。一旦主路由器不可用，这种选择过程就提供了动态的故障转移机制，允许虚拟路由器的 IP 地址可以作为终端主机的默认第一跳路由器，是一种 LAN 接入设备备份协议。一个局域网络内的所有主机都设置缺省网关，这样主机发出的目的地址不在本网段的报文将被通过缺省网关发往三层交换机，从而实现了主机和外部网络的通信。

VRRP 是一种路由容错协议，也叫作备份路由协议。一个局域网络内的所有主机都设置缺省路由，当网内主机发出的目的地址不在本网段时，报文将被缺省路由发往外部路由器，从而实现了主机与外部网络的通信。当缺省路由器端口关闭之后，内部主机将无法与外部通信，如果路由器设置了 VRRP 时，虚拟路由将启用备份路由器，从而实现全网通信。在 VRRP 协议中，有两组重要的概念：VRRP 路由器和虚拟路由器；主控路由器和备份路由器。VRRP 路由器是指运行 VRRP 的路由器，是物理实体；虚拟路由器是由 VRRP 协议创建的，是逻辑概念。一组 VRRP 路由器协同工作，共同构成一台虚拟路由器。该虚拟路由器对外表现为一个具有唯一固定的 IP 地址和 MAC 地址的逻辑路由器。处于同一个 VRRP 组中的路由器具有两种互斥的角色：主控路由器和备份路由器，一个 VRRP 组中有且仅有一台处于主控角色的路由器，可以有一台或者多台处于备份角色的路由器。VRRP 协议从路由器组中选出一台作为主控路由器，负责地址解析协议（Address Resolution Protocol，ARP）解析和转发 IP 数据包，组中的其他路由器作为备份的角色并处于待命状态,当由于某种原因主控路由器发生故障时,其中的一台备份路由器能够在瞬间的时延后升级为主控路由器,由于此切换非常迅速而且不用改变 IP 地址和 MAC 地址,故对终端使用者系统是透明的。

5.5.1　VRRP 的概念

VRRP 是一种容错协议,它的主要功能是当主机的下一跳路由器失效时,可以迅速确定另一台路由器来替换,从而保持通信的连续性和可靠性。为了使 VRRP 工作,要在路由器上配置虚拟路由器号和虚拟 IP 地址,同时产生一个虚拟 MAC 地址,这样在该网络中就加入了一个虚拟路由器。而网络上的主机与虚拟路由器通信,无须了解该网络上物理路由器的任何信息。

一个虚拟路由器由一个主路由器和若干个备份路由器组成,主路由器实现真正的转发功能。当主路由器出现故障时,一个备份路由器将成为新的主路由器,接替它的工作。协议规定主要是以路由器为基础,对于运行在三层交换机上的 VRRP 来说,与路由器上的 VRRP 并没有本质的区别,因为虚拟 IP 地址及虚拟 MAC 地址是和网络接口绑定在一起的。VRRP 本身可以支持 255 个虚拟路由器。

VRRP 的设计是用来实现 IP 传输失败情况下的不中断服务,具体地说,就是用于在局域网内源主机无法动态地去学习到首跳路由器 IP 地址的情况下防止首跳路由的失败。VRRP 组内多个路由器都映射为一个虚拟的路由器。VRRP 保证同时有且只有一个路由器代表虚拟路由器发送数据包。而主机则是把数据包发送至该虚拟路由器。这个转发数据包的路由器被称为主路由器。如果该主路由器在某个时候由于某种原因而无法工作,则处于备份状态的路由器将被选择来代替原来的主路由器。VRRP 使局域网内的主机看上去只使用了一个路由器,并且即使在它当前所使用的首跳路由器失败的情况下仍能够保持路由的连通性。

VRRP 的工作原理,如图 5-49 所示。

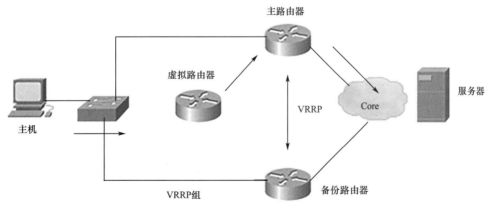

图 5-49　VRRP 的工作原理

RFC 2338 中定义了 VRRP 类型的 IP 报文格式及其运作机制。VRRP 报文是一类指定目标地址的组播报文,该报文由主路由器定时发出,标志其运行正常,同时该报文也用于选举主路由器。VRRP 允许为 IP 局域网承担路由转发功能的路由器失效后,局域网中另外一个路由器将自动接管失效的路由器,从而实现 IP 路由的热备份与容错,同时也保证了局域网内主机通信的连续性和可靠性。一个 VRRP 应用组通过多台路由器来实现冗余,但是任何时候只有一台路由器作为主路由器来承担路由转发功能,其他的均为备份路由器,VRRP 应用组中不同路由器间的切换对局域网内的主机则是完全透明的。RFC 2338 规定了路由器的切换规则。

VRRP 协议采用简单的竞选的方法选择主路由器。首先比较同一个 VRRP 组内的各台路由器对应接口上设置的 VRRP 优先级的高低,优先级最高的为主路由器,它的状态变为 Master。若路由器的优先级相同,则比较对应网络接口的主 IP 地址,主 IP 地址大的就是主路由器,由它提供实际的路由转发服务。

主路由器选出后,其他路由器作为备份路由器(状态为 Backup),并通过主路由器定时发出的 VRRP 组播报文,称为广告报文,以通知备份路由器:主路由器处于正常工作状态。如果组内的备份路由器在设置的时间段没有接收到来自主路由器的报文,则将自己状态转为 Master。当组内有多台备份路由器时,重复竞选过程。通过这样一个过程就会将优先级最高的路由器选成新的主路由器,从而实现 VRRP 的备份功能。如图 5-50 所示。

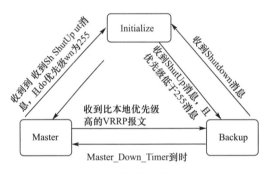

图 5-50　VRRP 备份过程

VRRP 的备份过程中涉及 3 种状态,下面分别介绍:

1.Initialize

系统启动后进入此状态。收到接口 StartUp 的消息,将转入 Backup 状态(优先级不为 255 时)或 Master 状态(优先级为 255 时),在此状态时路由器不会对 VRRP 报文做任何处理。注意,真实地址与虚拟地址相同,优先级为 255,否则为默认值为 100。

2.Master

当路由器处于此状态时,将会做以下工作:

(1)定期发送 VRRP 组播报文。

(2)发送 ARP 报文,以使网络内各主机知道虚拟 IP 地址所对应的虚拟 MAC 地址。响应对虚拟 IP 地址的 ARP 请求,并且响应的是虚拟 MAC 地址而不是接口的真实 MAC 地址。

(3)转发目标 MAC 地址为虚拟 MAC 地址的 IP 报文。

(4)接收目标 IP 地址为这个虚拟 IP 地址的 IP 报文。

(5)处于 Master 状态的路由器(主路由器),只有接收到比自己的优先级高的 VRRP

报文时才会转为 Backup 状态,只有接收到接口的 Shutdown 事件时,才会转为 Initialize 状态。

3.Backup

当路由器处于 Backup 状态时,将会做以下工作:

(1)接收主路由器发送的 VRRP 组播报文,从中了解主路由器的状态。

(2)对虚拟 IP 地址的 ARP 请求不做响应。

(3)丢弃目标 MAC 地址为虚拟 MAC 地址的 IP 报文。

(4)丢弃目标 IP 地址为虚拟 IP 地址的 IP 报文。

只有当备份路由器(处于 Backup 状态)接收到 Master_Down 这个定时器到时的时间时才会转为主路由器(转为 Master 状态),而当接收到比自己的优先级低的 VRRP 报文时,它只是做丢弃报文的处理,而不对定时器进行重置处理,这样定时器就会在若干次这样的处理之后到时,于是路由器就转为 Master 状态;只有当接收到接口的 Shutdown 事件时才会转为 Initialize 状态。

在备份过程中,Master_Down_Timer 是指备份路由器认为主路由器关机的时间间隔,基本上是 3 倍的通告时间多一点。而 Preempt_Mode 是指抢占模式,若抢占模式关闭,高优先级的备份路由器不会主动成为主路由器,即使主路由器优先级较低,只有当主路由器失效时,备份路由器才会成为主路由器。

5.5.2　VRRP 路由器的功能

VRRP 路由器是指运行 VRRP 协议的路由器,一台 VRRP 路由器可以同时参与多个 VRRP 组中,在不同的组中,一台 VRRP 路由器可以充当不同的角色。介绍几个概念如下:

(1)VRRP 组(VRID):由多个 VRRP 路由器组成,属于同一个 VRRP 组的 VRRP 路由器互相交换信息。

(2)虚拟路由器:对于每一个 VRRP 组,抽象出来的一个逻辑路由器,该路由器充当网络用户的网关。

(3)虚拟 IP 地址、MAC 地址:用于标示虚拟路由器,该地址实际上就是用户的默认网关。

(4)主路由器:在 VRRP 组中实际转发数据包的路由器。

(5)备份路由器:在 VRRP 组中处于监听状态的路由器,一旦主路由器出现故障,备份路由器就开始接替工作。

VRRP 有三种工作状态:

(1)初始状态(Initialize):路由器刚刚启动时进入此状态,通过 VRRP 报文交换数据后进入其他状态。

(2)活动状态(Master):VRRP 组中路由器通过 VRRP 报文交换后确定的当前转发数据包的一种状态。

(3)备份状态(Backup):VRRP 组中路由器通过 VRRP 报文交换后确定的处于监听的一种状态。

　　VRRP 报文是一种组播报文,由主路由器定时发出来通告它的存在,使用 VRRP 报文可以检测虚拟路由器的各种参数,可以用于主路由器的选举。VRRP 报文承载在 IP 报文之上,使用协议号 112;VRRP 报文使用的 IP 组播地址是 224.0.0.18。其关键属性如下:

　　(1)Version:指定数据包的 VRRP 的协议版本号。

　　(2)Type:指定 VRRP 数据包的类型。在版本 2 中只有一种类型:1-Advertisement,除此之外,任何未知的类型都会被丢弃。

　　(3)VRID:Virtual Router ID,用于标识属于同一个 VRRP 组的路由器。

　　优先级:用于选择主路由器,高优先级优先,如果优先级相同,接口主 IP 地址大的优先。

　　默认情况下,拥有 VRRP 地址的主路由器优先级为 255,处于 Backup 状态的路由器优先级为 1~254,默认优先级为 100。

　　优先级为 0 标识当前的主路由器不再参与到 VRRP 组中,一般用于使主路由器立刻停止其工作,而使原来处于 Backup 状态的路由器无须再等待主路由器超时,以快速切换到 Master 状态,成为主路由器。

　　(5)Count IP Address:包含在 VRRP 通告报文中的 IP 地址的数量。

　　(6) Auth Type:VRRP 验证类型,RFC 2338 规定有 3 种类型。0 表示 No Authentication(无验证),1 表示 Simple Text Password(简单明文验证),2 表示 IP Authentication Header(MD 验证)。默认为无验证方式。

　　(7)Advertisement_Interval:VRRP 报文通告间隔,主路由器会以此时间为周期,发送 VRRP 报文,默认为 1 s。

　　(8)验证数据:用于对 VRRP 路由器进行验证。

5.5.3　VRRP 的配置

　　项目要求:工业生产车间可能会因为路由设备的意外导致信息传输线路中断,为了避免此类事件发生,厂区负责人要求网络管理员对网络进行改造,以保证信息传输的可靠性。

　　项目目的:了解 VRRP 的工作原理;掌握 VRRP 的配置与管理;理解并掌握 VRRP 在实际工作中的应用。

　　项目设备:上位机一台;XB 208 两台;XM 408 两台,S7 1200 一台;工业以太网线缆六根。

　　项目功能:利用虚拟冗余路由协议搭建网络拓扑结构,当主设备发生故障时从设备可以迅速收敛,以保证信息的可靠传输。

　　设想项目配置成功后:上位机的 IP 地址(10.1.1.3),子网掩码(255.255.255.0),默认网关(10.1.1.111);XM 408A 的 P2 端口 IP 地址(10.1.1.1),子网掩码(255.255.255.0),P3 端口的 IP 地址(10.1.3.1),子网掩码(255.255.255.0);XM 408B 的 P2 端口 IP 地址(10.1.1.2),子网掩码(255.255.255.0),P3 端口的 IP 地址(10.1.3.2),子网掩码(255.255.255.0);PLC 的 IP 地址(10.1.3.10),子网掩码(255.255.255.0),默认网关(10.1.3.111);VLAN2 的虚拟 IP 地址(10.1.1.111),VLAN3 的虚拟 IP 地址(10.1.3.111)。其网络拓扑结构如图 5-51所示。

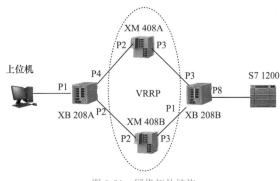

图 5-51　网络拓扑结构

项目具体操作步骤如下：

第 1 步，为上位机配置 IP 地址(192.168.0.100)，子网掩码(255.255.255.0)，默认网关(192.168.0.1)；为 XM 408A 配置 IP 地址(192.168.0.12)，子网掩码(255.255.255.0)；为 XM 408B 配置 IP 地址(192.168.0.11)，子网掩码(255.255.255.0)。

第 2 步，在浏览器地址栏中输入 XM 408A 的 IP 地址，对 XM 408A 进行 VRRP 配置。选择"Layer 2"目录树下的"VLAN"选项，在右侧界面中"General"页签中创建"vlan2"和"vlan3"，如图 5-52 所示。

SIEMENS

192.168.0.12/SCALANCE XM408-8C L3

Welcome admin

Logout

Virtual Local Area Network (VLAN) General

General | GVRP | Port Based VLAN | Protocol Based VLAN Group | Protocol Based VLAN Port | IPv4 Subnet Based VLAN | IPv6 Prefix Based VLAN

▶Information
▶System
▼Layer 2
　▶Configuration
　▶QoS
　▶Rate Control
▶**VLAN**
▶Private VLAN
▶Provider Bridge

Bridge Mode: Customer ⌄
VLAN ID:

Select	VLAN ID	Name	Status	Private VLAN Type	Primary VLAN ID	Transparent	P1.1	P1.2	P1.3
☐	1		Static	-		☐	U	-	-
☐	2		Static	-		☐	-	u	-
☐	3		Static	-		☐	-	-	u

3 entries.

Create | Delete | Set Values | Refresh

图 5-52　XM 408A 创建 VLAN

第 3 步，为 XM 408A 端口指定对应的 VLAN ID，如图 5-53 所示。

SIEMENS

192.168.0.12/SCALANCE XM408-8C L3

Welcome admin

Logout

Port Based Virtual Local Area Network (VLAN) Configuration
Changes will be saved automatically in 41 seconds.Press 'Write Startup Config' to save immediately

General | GVRP | Port Based VLAN | Protocol Based VLAN Group | Protocol Based VLAN Port | IPv4 Subnet Ba

▶Information
▶System
▼Layer 2
　▶Configuration
　▶QoS
　▶Rate Control
▶**VLAN**

	Priority	Port VID	Acceptable Frames	Ingress Filtering
All ports	No Change ⌄	No Change ⌄	No Change ⌄	No Change ⌄

Port	Priority	Port VID	Acceptable Frames	Ingress Filtering
P1.1		0 ⌄	VLAN1 ⌄	All ⌄	☐
P1.2		0 ⌄	VLAN2 ⌄	All ⌄	☐
P1.3		0 ⌄	VLAN3 ⌄	All ⌄	☐

图 5-53　XM 408A 中 VLAN 分配端口

第 4 步,选择"Layer 3(IPV4)"目录树下的"Configuration"选项,在右侧页面中选中"Routing"复选框和"VRRP"复选框,单击"Set Values"按钮,启动 XM 408A 的路由功能以及 VRRP 协议,如图 5-54 所示。

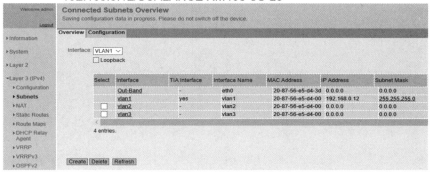

图 5-54　启动 XM 408A 的路由功能和 VRRP 协议

第 5 步,选择"Layer 3(IPV4)"目录树下的"Subnets"选项,在右侧页面中选中"Overview"页签,在该页面下创建子网"vlan2"和"vlan3",如图 5-55 所示。

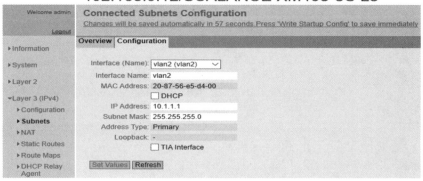

图 5-55　XM 408A 创建子网

第 6 步,单击"Configuration"页签,为"vlan2"配置 IP 地址和子网掩码,在"Interface(Name)"下拉列表中选择"vlan2(vlan2)",为其进行相关配置,如图 5-56 所示。

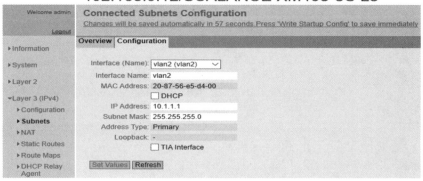

图 5-56　XM 408A 中"vlan2"的 IP 地址与子网掩码配置

第 7 步,为"vlan3"配置 IP 地址和子网掩码,在"Interface(Name)"下拉列表中选择
"vlan3(vlan3)",为其进行相关配置,如图 5-57 所示。

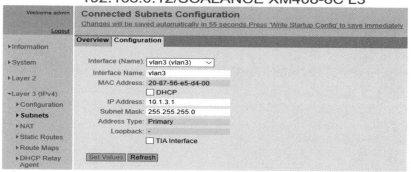

图 5-57 XM 408A 中"vlan3"的 IP 地址与子网掩码配置

第 8 步,选择"Layer 3(IPv4)"目录树下的"VRRP"选项,在右侧页面中选中
"Router"页签,在该页面中选中"VRRP"复选框、"Reply to pings on virtual interfaces"复
选框和"VRID-Tracking"复选框,单击"Set Values"按钮,使配置生效,然后选择
"Interface"下拉列表中选择"vlan2"添加 VRID(值设为 2),单击"Create"按钮创建 VRID,
同样的操作创建"vlan3"的 VRID(值设为 3),如图 5-58 所示。

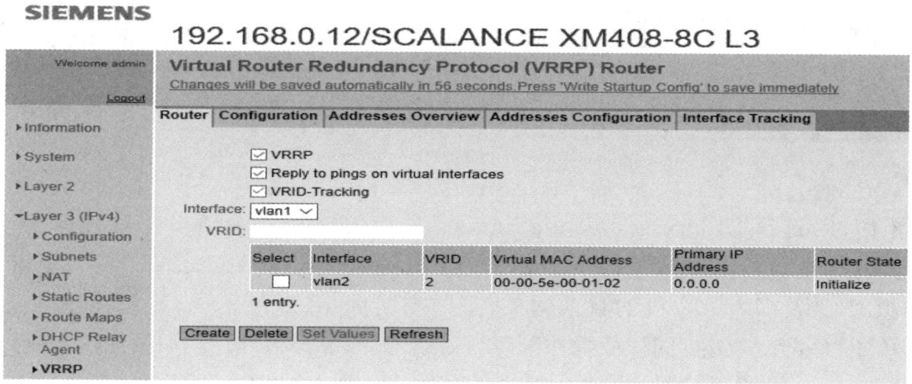

(a)

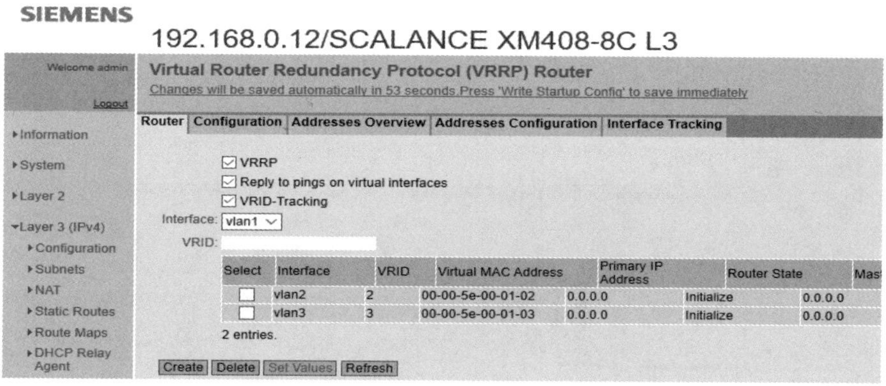

(b)

图 5-58 XM 408A 中 VLAN 对应 VRID 的配置

第9步,选择"Configuration"页签分别为"vlan2"和"vlan3"进行基础配置,选择"Interface/VRID"下拉列表中的"vlan2/2",在"Primary IP Address"下拉列表中选择实际 IP 地址,选中"Master"复选框(作为主设备),"Priority"值设为 200,选中"Preempt lower priority Master"复选框,单击"Set Values"按钮使配置生效,同样的操作配置"vlan3/3",如图 5-59 所示。

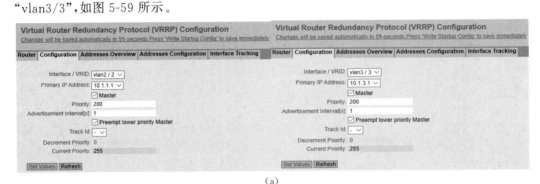

(a)

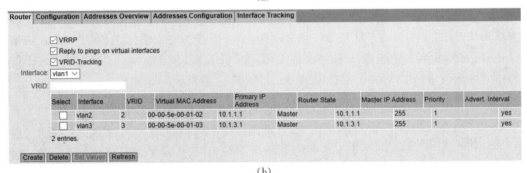

(b)

图 5-59　XM 408A VRRP 中主设备的配置

第10步,选择"Addresses Configuration"页签为虚拟冗余路由配置虚拟 IP,选择"Interface/VRID"下拉列表中的"vlan2/2",在"Associated IP Address"中输入虚拟 IP 地址(虚拟 IP 地址即为上位机的默认网关,必须与实际 IP 地址不同,这里设置为 10.1.1.111),单击"Create"按钮,同样的操作配置"vlan3/3"的虚拟 IP 地址,如图 5-60 所示。

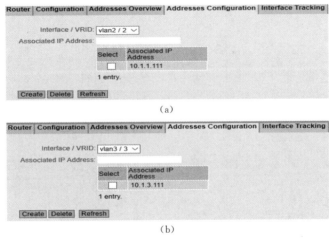

图 5-60　XM 408A VRRP 中虚拟 IP 地址的配置

第 11 步,选择"Addresses Overview"页签,查看整体配置情况,如图 5-61 所示。

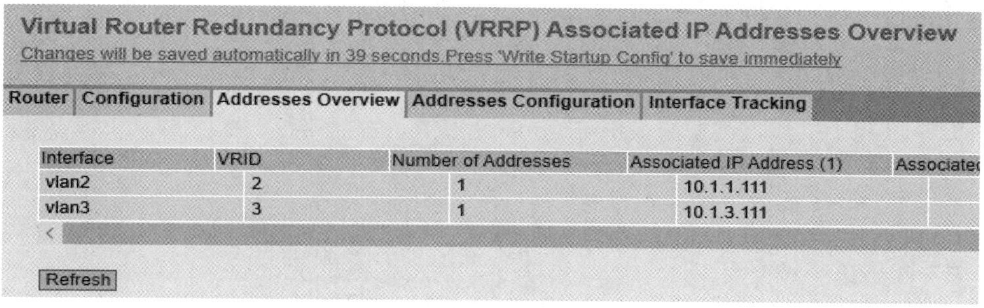

图 5-61　XM 408A VRRP 的整体配置

第 12 步,单击"Interface Tracking"页签,配置接口跟踪,在"Interface"下拉列表中选择"P1.3",在"Track Id"中输入"3",单击"Create"按钮使端口 3 与 vlan2 关联(后面操作有说明),同样的操作配置 P1.2 端口,如图 5-62 所示。

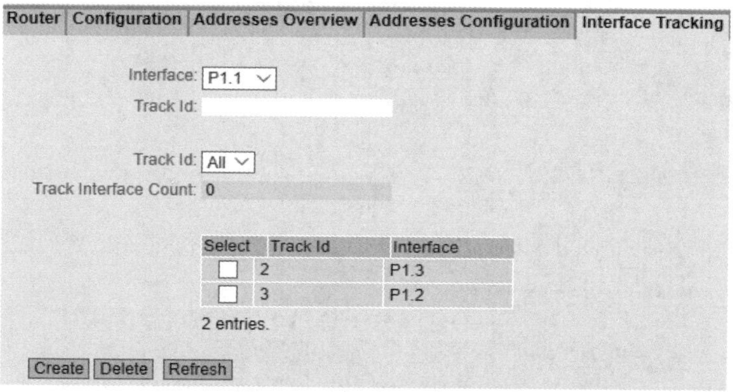

图 5-62　XM 408A 端口跟踪配置

第 13 步,单击"Configuration"页签,选择"Track Id"下拉列表中的"2","Decrement Priority"值设定为"150",单击"Set Values"按钮使配置生效,同样的操作配置使 vlan3/3 与 Track Id(值 3)关联,如图 5-63 所示。

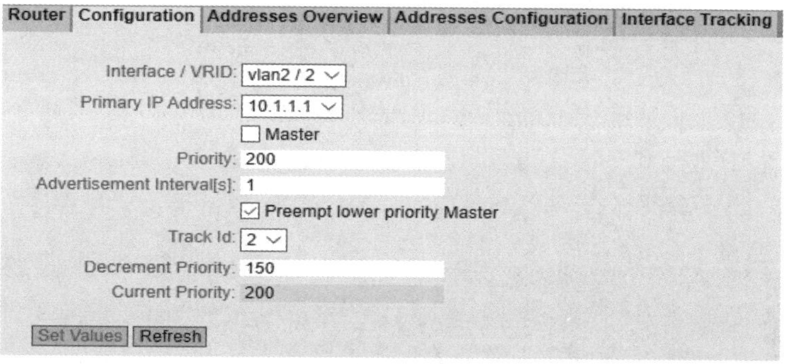

图 5-63　Track Id 关联

说明:从设备中优先级为默认值,默认优先级为 100,这里一旦出现故障优先级会减少 150,结果优先级为 50,低于从设备的优先级,以保证从设备在主设备故障后能够收敛。

第 14 步,单击"Router"页签,查看配置情况,如图 5-64 所示。

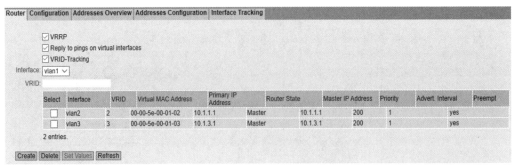

图 5-64　XM 408A 的完整 VRRP 配置

第 15 步，为 XM 408B 分配"vlan2"和"vlan3"，操作同 XM 408A，如图 5-65 所示。

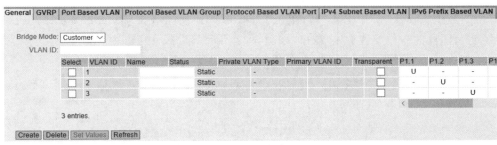

图 5-65　XM 408B 创建 VLAN

第 16 步，在"Port Based VLAN"页签中为端口指定对应的 VLAN，如图 5-66 所示。

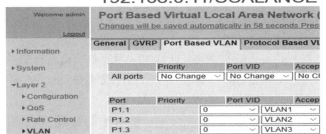

图 5-66　XM 408B 端口分配指定 VLAN

第 17 步，启动 XM 408B 的路由和 VRRP 协议，为 XM 408B 创建子网"vlan2"和"vlan3"并配置 IP 地址和子网掩码，操作同 XM 408A，如图 5-67 所示。

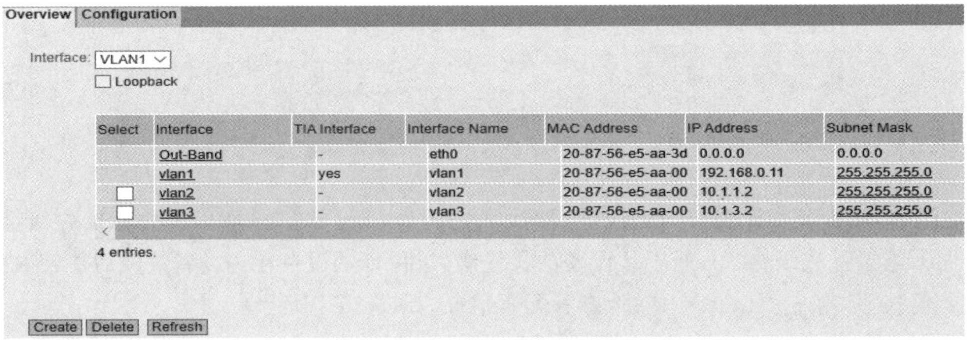

图 5-67　XM 408B 创建子网

第 18 步,为 XM 408B 配置"vlan2"和"vlan3"的优先级(默认值不变,使其成为虚拟冗余路由中的从设备)和通告间隔(值为 1),单击"Set Values"按钮,如图 5-68 所示。

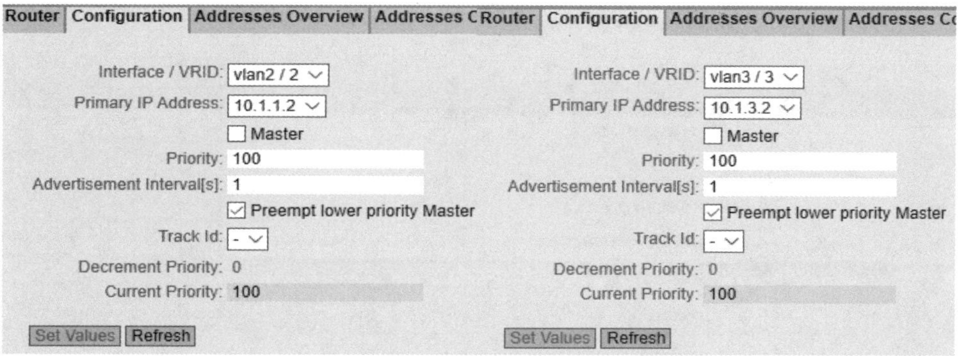

图 5-68　XM 408B 配置"vlan2"和"vlan3"的从设备

说明:从设备与主设备设置的不同之处在于从设备的"Router"页签中没有选中"VRID-Tracking"复选框,在"Configuration"页签中没有选中"Master"复选框。

第 19 步,选择"Addresses Configuration"页签,为 XM 408B 的"vlan2/2"配置虚拟 IP 地址,如图 5-69 所示。

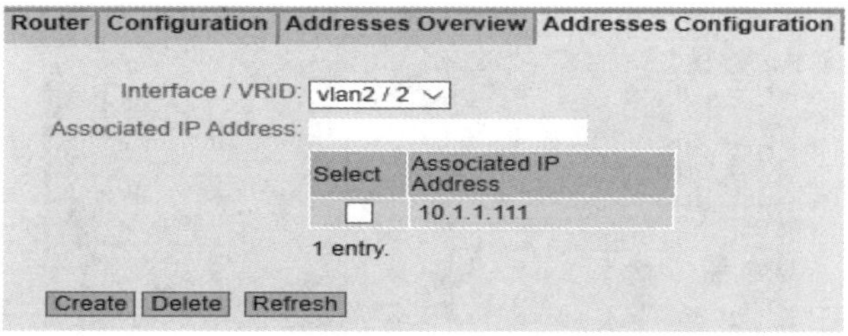

图 5-69　XM 408B 虚拟 IP 地址的配置

说明:"vlan3/3"的配置操作与"vlan2/2"一样。

第 20 步,单击"Addresses Overview"页签,查看配置效果,如图 5-70 所示。

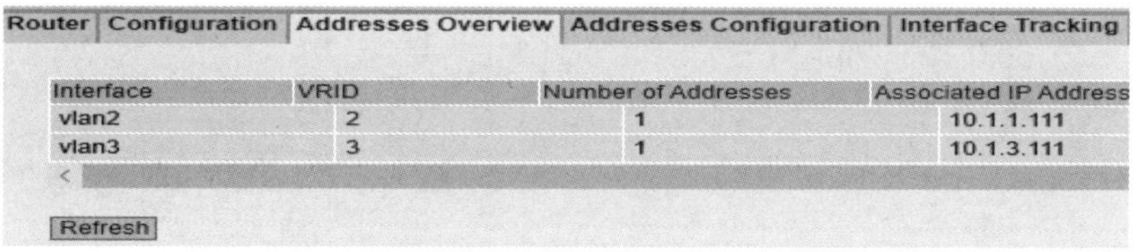

图 5-70　XM 408B 整体配合情况

第 21 步,单击"Router"页签,查看 XM 408B 的整体配置情况,如图 5-71 所示。

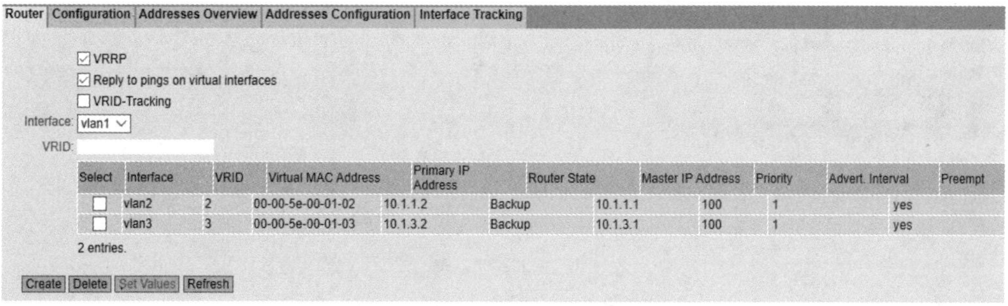

图 5-71　XM 408B 的 VRRP 配置

第22步，为上位机配置 IP 地址（10.1.1.3）、子网掩码（255.255.255.0）和默认网关（10.1.1.111），如图 5-72 所示。

图 5-72　上位机 IP 地址与子网掩码的配置

第23步，按照网络拓扑结构重新搭建结构。

第24步，验证通信效果。

（1）主机访问 PLC，效果如图 5-73 所示。

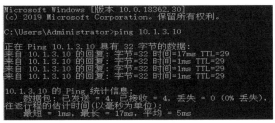

图 5-73　主机访问 PLC

（2）断开主设备的一个端口，导致主设备链路故障，查看从设备"Router"页签中"Router State"，状态由"Backup"转换为"Master"，如图 5-74 所示。

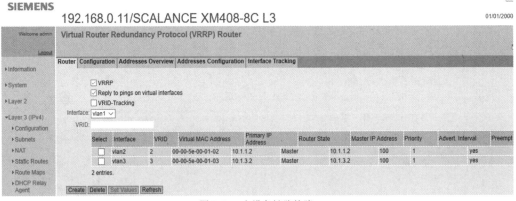

图 5-74　主设备链路故障

5.6　小　结

本章主要介绍了工业路由器的概念、功能以及具体的使用方法。首先以从路由技术入手,由浅入深进行了简单的介绍,目的是使读者能够对路由技术有一个初步的认识与理解;然后介绍了本地路由、静态路由、默认路由和动态路由,并针对不同的路由功能以项目为主线进行了配置、管理的说明与讲解,针对动态路由重点介绍了 RIP 路由和 OSPF 路由;最后针对工业以太网中路由设备突发状况而可能引起信息传输的不可靠问题,介绍了VRRP,主要是从 VRRP 的概念、VRRP 路由器和 VRRP 的配置对 VRRP 进行了详细的介绍,并以项目进行了清晰的展示。通过本章的介绍,使读者对工业以太网的路由功能有了进一步的了解并能为后续工业网络的搭建奠定基础。

练习题

1.一般网络中,交换机工作在 OSI 开放体系结构的(　　　),而路由器工作在 OSI 模型的(　　　)。

2.路由分为 4 类,主要包括本地路由、(　　　)、默认路由和(　　　),在所有的路由中,(　　　)优先级最高。

3.VRRP 的备份过程中涉及 3 种状态分别是(　　　)、(　　　)和(　　　)。

4.阐述路由器与工业以太交换机的主要区别。

5.阐述动态路由的特点。

6.试着比较动态路由与静态路由的异同,以分析其适用的场合。

第6章

工业无线网络技术

无线网络,顾名思义就是利用无线电波作为数据传输介质而构成的信息网络,由于无线网络技术不需要铺设通信电缆,因此可以灵活机动地应对各种网络环境的需求变化,近几年无线网络的发展十分迅速。

无线网络技术为网络用户提供了灵活性、移动性和网络系统的扩展性,在布线较为困难的区域提供经济、高效、快速的局域网或广域网,无线网桥为远程网络站点和用户提供了局域网的接入。

6.1 无线通信技术概述

无线网络是计算机网络与无线通信技术相结合的产物,它提供了使用无线信道的方法来支持计算机之间的通信,并为通信的移动化、个性化和多媒体传输提供服务。凡是采用无线传输的计算机网络都可以称为无线网络。我们身边的无线局域网、蓝牙、红外线、移动通信等都是无线网络的应用。无线网络可以实现采用传统电缆线提供的有线局域网的所有功能,并能随着实际需求的变化而实现其需求功能。通俗地讲,无线网络就是网络的无线连接。

无线网络的传输原理和普通有线网络一样,也是采用 ISO 参考模型,只是在模型的物理层和数据链路层使用了无线传输方式。尽管各类无线网络的标准和规范并不十分统一,但就其传输方式来说,或者采用无线电波方式或者采用红外线方式。其中红外线传输方式是目前应用最为广泛的无线网络技术之一,在各种家用电器中所使用的遥控器几乎都采用红外线传输技术。红外线的使用也不受国家无线电管理部门的管制,但红外线传输方式的传输质量受距离的影响,一般为视距范围内,并且红外线对非透明物体的穿透性也很差,这就直接导致了红外线传输技术很难在计算机无线网络中推广。

与此相比,无线电波传输方式应用则较为广泛。采用无线电波传输,不仅覆盖范围大、发射功率强,而且具有隐蔽性、保密性等特点,也不会干扰同频的系统,具有很高的可用性,因此以计算机组成的无线网络可采用无线电波传输方式。

1.扩频方式

扩频通信的基本特征是使用比发送的信息数据速率高许多倍的伪随机码对载有数据的基带信息的频谱进行扩展,形成宽带的低功率频谱密度的信号进行发射。增加宽带可在较低的信噪比情况下以相同的信息传输率实现可靠的信息传输。在信号被噪声淹没的情况下,只需相应地增加信号宽带,仍能保持可靠通信,即可用扩频的方法以宽带传输信息来换取低信噪比,这就是扩频通信的基本思想和理论依据。这一技术虽然牺牲了频带宽度,但是提高了通信系统的抗干扰能力和安全性。

目前采用扩展频谱方式的无线网络一般选择的都是 ISM(Industrial、Scientific 和 Medical)频段。许多工业、科研和医疗设备的发射频率都集中于该频段。实现扩频通信的基本工作方式有以下四种:

(1)直接序列扩频

直接序列扩频(Direct Sequence Spread Spectrum,DSSS)简称直扩(DS)。其工作原理是利用高速率的扩频序列(也称为码片)在发射端扩展信号的频谱,在接收端用相同的扩频码序列进行解扩,把展开的扩频信号还原成原来的信号。比如,在发射端将"1"用1100011,而将"0"用 0011100 去代替,这个过程就实现了扩频,而在接收机处只要把收到的序列是 1100011 的就恢复成"1",是 0011100 的就恢复成"0",这就是解扩。

(2)频率跳变

频率跳变也称跳频扩频(Frequency Hopping Spread Spectrum,FHSS),它是利用二进制伪随机码序列去离散地控制射频载波振荡器的输出频率,使发射信号的频率随伪随机码的变化而跳变,跳频系统中可供随机选取的频率数最多可达 2^{20} 个。

(3)时间跳变

时间跳变也称跳时扩频(Time Hopping Spread Spectrum,THSS),它与跳频系统相似,是使发射信号在时间轴上离散地跳变。在信息传输过程中采用窄了很多的时隙去发送信号,相对来说,信号的频谱也就扩宽了。

(4)线性调频

线性调频是线性脉冲调频的简称,是指系统的载频在一给定的脉冲时间间隔内线性地扫过一个宽带范围,形成一带宽较宽的扫频信号,或者载频在一给定时间间隔内线性增大或减小,使得发射信号的频谱占据一个宽的范围。线性调频信号占用的频带宽度远远大于信息带宽,从而可以具有较好的抗干扰能力。

以上几种基本扩频通信系统各有优缺点,有时单独使用哪一种系统都难以满足用户需求,在实际应用中通常会将几种扩频方法结合起来构成混合扩频通信系统从而满足用户的需求。

2.窄带调制方式

在这种调制方式下,数据信号不进行任何扩展,直接发射出去,与扩频方式相比,窄带调制方式占用频带少,频带利用率高。但是采用窄带调制方式的无线网络要占用专用频段,在国内需要经过国家无线电管理部分批准才能使用。

3.无线网络的优势

与有线网络相比,无线网络具备以下一些优势:

(1)安装便捷

在网络组建过程中,对周边环境影响最大的就是网络布线。而无线网络的组建则基本无须考虑由环境带来的影响,一般只要在所需求的区域里安放一个或多个无线接入点(Access Point,AP)即可建立无线网络的有效覆盖。

(2)使用灵活

在有线网络中,网络设备的安放位置要受到网络信息点位置的限制。而无线网络一旦建立,在信号覆盖区域内任何位置均可方便地接入网络,实现数据通信。

(3)经济节约

由于有线网络灵活性不足,设计者往往要尽可能地考虑未来扩展的需要,预设大量利用率较低的接入点,可能造成资源的浪费。而且一旦网络发展超出预期规划,其整体改造成本也很大。而无线网络,在搭建、改造和维护等方便均较为便捷、经济。

(4)易于扩展

同有线网络一样,无线网络具备多种配置方式,能够根据实际需要灵活选择,合理搭配,并能提供有线网络无法提供的功能,例如漫游。

6.1.1　WLAN

无线局域网(Wireless Local Area Network,WLAN)是指应用无线通信技术将计算机设备互联起来,构成可以相互通信、实现资源共享的网络体系。无线局域网本质的特点是通过无线的方式将计算机与网络连接起来,利用射频(Radio Frequency,RF)技术,使用电磁波,取代烦琐的双绞铜线所构成的局域网络,从而使网络的构建和终端的移动更加灵活,实现便利的数据传输。

1997 年正式颁布实施了第一个无线局域网标准 IEEE 802.11,这为无线局域网技术提供了统一标准,该标准的无线局域网传输速率为 1~2 Mbit/s。随后,IEEE 于 1999 年开始制定了新的 WLAN 标准 IEEE 802.11b,该标准的无线局域网传输速率为 11 Mbit/s。在 2001 年底正式颁布标准 IEEE 802.11a,它的传输速率可达 54 Mbit/s,几乎是 IEEE 802.11b 标准的 5 倍。

2003 年 3 月,Intel 第一次推出带有 WLAN 无线网卡芯片模块的迅驰处理器,这标志着 WLAN 的正式应用。虽然当时的无线网络环境还不是非常成熟,但是由于 Intel 的捆绑销售,加上迅驰芯片的高性能、低功耗等优点,使得许多无线网络服务商看到了商机,同时 11 Mbit/s 的接入速率在一般的小型局域网中可以满足一些日常应用,于是各国的无线网络服务商开始在公共场所(如机场、宾馆、咖啡厅等)提供访问热点,实际上就是布置一些无线接入点(AP),方便移动商务人士无线上网。

经过两年多的开发与改进,一种兼容 IEEE 802.llb 标准,同时也可提供 54 Mbit/s 接入速率的新标准——IEEE 802.11g 正式发布。目前使用最多的是 IEEE 802.11n(第四代)和 IEEE 802.11ac(第五代)标准,它们既可以工作在 2.4 GHz 频段,也可以工作在 5 GHz 频段,传输速率理论上可达 600 Mbit/s。

1.无线局域网的优点

(1)网络的灵活性和移动性

在有线网络中,网络设备的安放位置会受到网络位置的限制,而网络设备在无线信号覆盖区域内的任何位置都可以接入网络。此外,无线局域网的另一个优点是移动性,连接到无线局域网的用户可以在网络保持连通的状态下移动着传输信息。

(2)网络安装便捷

无线局域网的搭建可以免去或最大限度地减少网络布线的工作量,一般只需要安装一个或多个接入点设备,就可建立覆盖整个区域的局域网络。

(3)易于进行网络规划和调整

在某种情况下,办公地点或网络拓扑结构需要改变时,这就意味着需要重新组建网络。对于有线网络来说,重新布线是一个费时、费力的过程,而无线局域网就可以避免或减少以上过程。

(4)故障定位容易

有线网络一旦出现物理故障,尤其是由于线路连接不良而造成的网络中断,往往很难查明,而且检修线路需要付出很大的代价。无线网络则相对很容易定位故障,并且只需要更换故障设备即可恢复网络的连接。

(5)易于扩展

无线局域网可以很快从只有几个用户的小型局域网扩展到上千用户的大型网络,并且能够提供节点间“漫游”实现良好的信息传输。

由于无线局域网有以上诸多优点,因此其发展十分迅速。近年来,无线局域网已经在企业、医院、商店、工厂和学校等场合得到了广泛的应用。当然无线局域网在给网络用户带来便捷和实用的同时,也存在着一些缺陷。

2.无线局域网的缺点

(1)性能

无线局域网是依靠无线电波进行传输,这些电波通过无线发射装置进行发射,电磁波在传输的过程中,可能会遇到高山、建筑物、车辆、树木以及其他障碍物,这些都可能阻碍电磁波的传输,从而导致电磁波出现反射、散射以及衍射等现象,会影响网络的性能。

(2)速率

无线局域网的最大传输速率为 1 Gbit/s,与有线信道相比要低得多。因此,无线局域网只适合于个人终端和小规模网络应用。

(3)安全性

相对有线局域网来说,无线局域网中的无线电波传输信息时是不要求建立物理的连接通道,无线信号是发散的,因此,信号传输过程中很容易被监听,造成信息的泄露。

由于无线局域网需要支持高速、突发的数据业务,在室内使用还需要解决多径衰落以及各子网间串扰等问题。

3.无线局域网的技术要求

(1)可靠性:无线局域网的系统分组丢失率应该低于1×10^{-5},误码率应该低于1×10^{-8}。

(2)兼容性:对于室内使用的无线局域网,应尽可能使其跟现有的有线局域网在网络操作系统和网络软件上相互兼容。

(3)数据速率:为了满足局域网业务量的需要,无线局域网的数据传输速率应该在54 Mbit/s以上。

(4)通信保密:由于数据可以通过无线介质在空中传播,因此无线局域网必须在不同层次采取有效的措施以提高通信保密和数据安全性能。

(5)移动性:支持全移动网络或半移动网络。

(6)节能管理:当无数据收发时使站点机处于休眠状态,当有数据收发时再激活,从而达到节省电力消耗的目的。

(7)小型化、低价格:这是无线局域网得以普及的关键。

(8)电磁环境:无线局域网应考虑电磁对人体和周边环境的影响问题。

将WLAN中的几种设备结合在一起使用,就可以组建出多层次、无线和有线并存的计算机网络。一般情况下,无线局域网有两种组网模式:一种是无固定基站的WLAN;另一种是有固定基站的WLAN。

无固定基站的WLAN也被称为无线对等网,是最简单的一种无线局域网结构。这种无固定基站的WLAN结构是一种无中心的拓扑结构,通过网络连接的各个设备之间的通信关系是平等的,但仅适用于较少数的计算机无线连接方式(通常是5台主机或设备之内)。

这种组网模式不需要固定的设施,只需要在每台计算机中安装无线网卡就可以实现,因此非常适用于一些临时网络的组建。

当网络中的计算机用户到达一定数量时,或者是当需要建立一个稳定的无线网络平台时,一般会采用以AP为中心的组网模式。以AP为中心的组网模式也是无线局域网最为普遍的一种组网模式,在这种模式中,需要有一个AP充当中心站,所有站点对网络的访问都受到该中心的控制。

4.无线局域网的组网设备

无线局域网组网一般需要无线网卡、无线AP以及无线天线等硬件设备。

(1)无线网卡。无线网卡的作用和以太网中的网卡的作用基本相同,它作为无线局域网的接口,能够实现无线局域网各客户机间的连接与通信。

(2)无线AP。AP是Access Point的简称,无线AP就是无线局域网的接入点、无线网关,它的作用类似于有线网络中的集线器。

(3)无线天线。当无线网络中各网络设备相距较远时,随着信号的减弱,传输速率会明显下降以致无法实现无线网络的正常通信,此时就要借助于无线天线对所接收或发送的信号进行增强。

无线局域网的用户管理的内容包括在移动通信中强调对移动电话用户的档案、变更记录等资料的管理和对交换机用户数据的管理;宽带ADSL网络中的用户管理强调的是用户的认证管理和计费管理,也包括用户资料的管理;分布式的系统中强调用户的建立、删除、权限设置、注册、连接、记账等。所有的用户管理均包括的系统 IP 地址分配、用户资料库管理、用户注册、用户级别管理、用户权限设置、用户日志和系统工作状态监控等主要内容。

5.WLAN 的典型应用场景

(1)大楼之间:大楼之间建构网络的联结,取代专线,简单又便宜。

(2)餐饮及零售:餐饮服务业可使用无线局域网络产品,直接从餐桌即可输入并传送客人点菜内容至厨房、柜台。零售商促销时,可使用无线局域网络产品设置临时收银柜台。

(3)医疗:通过使用附近无线局域网络产品的手提式计算机取得实时信息,医护人员可借此避免对伤患救治的迟延、不必要的纸上作业、单据循环的迟延及误诊等,而提升对伤患照顾的效率。

(4)企业:当企业内的员工使用无线局域网络产品时,不管他们在办公室的任何一个角落,有无线局域网络产品,就能随意地收发电子邮件、分享档案及上网浏览。

(5)仓储管理:一般仓储人员的盘点事宜,通过无线网络的应用,能立即将最新的资料输入计算机仓储系统。

(6)货柜集散场:一般货柜集散场的桥式起重车,可用于调动货柜时,将实时信息传回计算机,以利于相关作业进行。

(7)监视系统:一般位于远方且需要监控现场的场所,由于布线困难,可借由无线网络将远方影像传回主控站。

(8)展示会场:电子展或计算机展中,由于网络需求极高,而且布线又会让会场显得凌乱,因此若能使用无线网络,则是再好不过的选择。

6.1.2 IEEE 802.11

IEEE 802 工作组建立的局域网络系列标准包括以太网标准 IEEE 802.3、令牌环标准 IEEE 802.5、快速以太网标准 IEEE 802.3z。1997 年发布的 IEEE 802.11 标准也是无线网络领域被国际认可的标准。1999 年提出的标准 IEEE 803.11b 是对 IEEE 802.11 标准的补充,IEEE 802.11b 是在 IEEE 802.11 的 1 Mbps 和 2 Mbps 速率上又增加了 5.5 Mbit/s 和 11 Mbit/s 两个新的网络传输速率。利用 IEEE 802.11b,移动用户能获得同以太网一样的性能、网络吞吐率与可用性。这个基于标准的技术使网络管理员可根据环境选择合适的局域网技术来构造现有网络,满足商业用户和其他用户的需求。

IEEE 802.11 标准工作在 ISO 参考模型的最下两层上,并在物理层上进行了一些改动,加入了高速数字传输的特性和连接的稳定性。IEEE 802.11 的具体标准包括以下几项:

1.IEEE 802.11a

IEEE 802.11a 采用正交频分复用(OFDM)技术调制数据,使用 5 GHz 的频带,避开当前微波、蓝牙以及大量工业设备广泛采用的 2.4 GHz 频段,使无线数据传输过程中所受到的干扰大为降低,抗干扰性较 IEEE 802.11b 更强。同时,高达 54 Mbit/s 的数据传输速率,使 IEEE802.11a 的应用大为加强和广泛。

IEEE 802.11a 无线网络产品较 IEEE 802.11b 产品的功耗更低,这对计算机及平板电脑等移动设备有着重要意义。现在采用 IEEE 802.11a 大的无线网络产品及应用很广泛。IEEE 802.11a 与 IEEE 802.11b 技术标准不兼容,一些产品设计为支持两种标准的模式。由于相关法律法规限制,使 5.2 GHz 频段无法在全球各国获得批准和认可。5.2 GHz 的高频虽然使 IEEE 802.11a 具有低干扰使用环境,但也有了不利的一面,因太空中众多的人造卫星与地面站通信业恰恰使用 5.2 GHz 频段,会有一些潜在的问题产生。欧盟也只允许将 5.2 GHz 频率用于其制定的另一个无线标准——Hiper LAN。

2.IEEE 802.11b

IEEE 802.11b 也称 Wi-Fi 技术,采用补码键控(CCK)调制方式,使用 2.4 GHz 频段。从性能上看,IEEE 802.11b 的带宽为 11 Mbit/s,实际传输速率约为 5 Mbit/s,与普通的 10Base-T 规格有线局域网传输速率持平。无论是家庭无线组网还是中、小企业内部局域网,IEEE 802.11b 都能基本满足使用要求。由于它是基于开放的 2.4 GHz 频段,因此 IEEE 802.11b 的使用无须申请即可作为对有线网络补充,又可自行独立组网,灵活性较强。

从工作方式来看,IEEE 802.11b 的运作模式分为两种:点对点模式和基本模式。其中点对点模式是指无线网卡和无线网卡之间的通信方式,即一台装配了无线网卡的计算机与另一台装配了无线网卡的计算机进行通信,对于小型无线网络来说,这是一种非常方便的互连方案。基本模式是指无线网络的扩充或无线与有线网络并存时的通信方式,这也是 IEEE 802.11b 最常用的连接方式。此时,装配无线网卡的计算机需要通过无线接入点(AP)才能与另一计算机连接,由接入点来负责频段管理及漫游指挥等工作。在宽带允许的情况下,一个无线接入点最多可支持 1 024 个无线节点的接入,当无线结点增加时,网络传输速度变慢。

作为最普及、应用最广泛的无线标准,IEEE 802.11b 的优势不言而喻。它技术成熟,使得基于该标准的网络产品的成本能够得到很好控制,无论家庭用户还是企业用户,无须太多资金投入即可组建一个数据传输的需要,但它只能作为有线网络的一种补充。

3.IEEE 802.11g

2001 年,IEEE 802.11g 标准形成,目的是在 2.4 GHz 频段实现 IEEE 802.11a 的速率要求。IEEE 802.11g 采用 PBCC 或 CCK/OFDM 的调制方式,使用 2.4 GHz 频段,对现有 IEEE 802.11b 系统向下兼容。它既能适应传统 IEEE 802.11b 标准,也符合 IEEE 802.11a 标准,从而解决了对已有的 IEEE 802.11b 设备的兼容。

与 IEEE 802.11a 相同的是,IEEE 802.11g 也使用了正交频分复用(OFDM)的模块设计,这是其拥有 54 Mbit/s 高速传输的保证。不同的是 IEEE 802.11g 的工作频段并不是 5.2 GHz,而是采用与 IEEE 802.11b 一致的 2.4 GHz 频段,这样,原先 IEEE 802.11b 用户所担心的兼容性问题得到了很好的解决,因此 IEEE 802.11g 为用户提供了一个平滑过渡的选择。

除了具备高传输率及兼容性的优势之外,IEEE 802.11g 所工作的 2.4 GHz 频段的信号衰减程度不像 IEEE 802.11a 的 5.2 GHz 那么严重,并且 IEEE 802.11g 还具备更优秀的"穿透"能力,能适应更为复杂的使用环境。但 2.4 GHz 工作频段的"先天性"不足,使 IEEE 802.11g 和 IEEE 802.11b 一样极易受到微波、无线电话等设备的干扰。此外,IEEE 802.11g 的信号比 IEEE 802.11b 的信号可覆盖的范围要小很多,用户可能需要添置更多无线接入点才能满足原有使用面积的信号覆盖。

4.IEEE 802.11 的其他协议标准

(1)IEEE 802.11e

IEEE 802.11e 是 IEEE 为满足服务质量(QoS)方面的要求而制定的无线网络标准。在一些语音和视频等的传输中,QoS 是非常重要的指标。在 IEEE 802.11 MAC 子层,IEEE 802.11e 加入了 QoS 功能,它的分布式控制模式可提供稳定合理的服务质量,而集中控制模式可灵活支持多种服务质量策略,让影音传输能够及时、定量,保证多媒体的顺畅应用,Wi-Fi 联盟将此称为 WMM(Wi-Fi Multi Media)。

(2)IEEE 802.11f

IEEE 802.11f 追加了 IAPP(Inter-Access Point Protocol)协议,确保用户端在不同接入点间的漫游,让用户端能平顺、无形地切换访问区域。IEEE 802.11f 标准确定了在同一网络内接入点的登录,以及用户从一个接入点切换到另一个接入点时的信息交换。

(3)IEEE 802.11h

IEEE 802.11h 是为了与欧洲的 HiperLAN2 相协调而推出的修定标准,美国和欧洲在 5 GHz 频段上的规划、应用上存在差异,这一标准制定的目的是减少对同处于 5 GHz 频段雷达的干扰。类似的还有 IEEE 802.16(WiMAX),其中 IEEE 802.16B 即是为了与 WirelessHUMAN 协调所制定的。该协议涉及两种技术:一种是动态频率选择(DFS),即接入点不停地扫描信道上的雷达,接入点和相关的基站可随时改变频率,最大限度地减少干扰,均匀分配无线网络流量;另一种技术是传输功率控制(TPC),总的传输功率或干扰将减少 3 dB。

(4)IEEE 802.11i

IEEE 802.11i 是无线网络的重要标准,也成 Wi-Fi 保护访问。它是一种访问与传输安全机制,是为解决无线网络安全验证而制定的新的安全标准。由于在此标准未确定之前,Wi-Fi 联盟已先行暂代地提出比 WEP(Wired Equivalent Privacy)具有更高防护力的 WPA(Wi-Fi Protected Access),因此 IEEE 802.11i 也被称为 WPA2。WPA 使用当时的密钥集成协议进行加密,其运算法则与 WEP 一样,但创建密钥的方法不同。

(5)IEEE 802.11j

IEEE 802.11j 是为了适应日本在 5 GHz 以上频段上的应用不同而制定的标准,日本从 4.9 GHz 开始运用,同时,它们的功率也各不相同,例如同为 5.15～5.25 GHz 的频段,欧洲允许使用 200 MW 的功率,日本仅允许使用 160 MW。

(6)IEEE 802.11k

该协议规范规定了无线局域网络频谱测量规范,该规范的制定体现了无线局域网络对频谱资源智能化使用的需求。

当然,还有一些其他协议,读者可以自行查阅了解与学习。

6.1.3　IWLAN

工业无线通信技术是 21 世纪初新兴的无线通信技术,它面向仪器仪表、设备与控制系统之间的信息交换,是对现有通信技术在工业应用方向上的功能扩展和提升。应用的行业包括石化、冶金、电力、煤炭、烟草、长距离管线、海上石油平台等行业。无线传送是指除了网关设备与监控系统之间以有线方式互联外,网关设备与多台无线变送器之间以无线方式传送数字信号。

工业无线通信技术是在现有智能数字仪表和现场总线技术基础上发展起来的最新技术,它不仅能传送现场设备(如各类变送器)的检测参数的测量值信号(如压力、温度的实时测量值),还可以同时传送多种类型信息,如设备状态和诊断报警、过程变量的测量单位、回路电流和百分比范围、生产商和设备标签等。

工业无线局域网(Industrial WireLess Aare Network,IWAN)利用基于工业无线技术的测控系统,人们可以用较低的投资和使用成本实现对工业全流程的“泛在感知”,获取由于成本原因无法在线监测的重要工业过程的参数,并以此为基础实施优化控制,来达到提高产品质量和节能降耗的目标。无线网络在工业现场主要应用在设备或环境实现物理连接困难以及技术上不允许或不希望用物理连接的场合,如移动或旋转设备、运动节点、远距离设备管理、障碍物阻隔环境、高危环境等,以弥补有线网络的不足。由于有线和无线通信都支持 TCP/IP 协议,因此这两种通信方式能够有机地结合在一起,发挥各自优势。

6.1.4　5G 技术

近年来,第五代移动通信系统(简称 5G)已经成为通信业和学术界探讨的热点,5G 的发展来自对移动数据日益增长的需求。随着移动互联网的发展,越来越多的设备接入移动网络中,新的服务和应用层出不穷,移动数据流量的暴涨给网络带来了严峻的挑战。

5G 是最新一代蜂窝移动通信技术,也是继 4G(LTE-A、WiMax)、3G(UMTS、LTE)和 2G(GSM)系统之后的延伸。5G 的性能目标是高数据速率、减少延迟、节省能源、降低成本、提高系统容量和大规模设备连接。其网络特点如下:

(1)峰值速率需要达到 1 Gbit/s 的标准,以满足高清视频、虚拟现实等大数据量传输。

(2)空中接口时延水平需要在 1 ms 左右,满足自动驾驶、远程医疗等实时应用。

(3)超大网络容量,提供 1 000 亿元设备的连接能力,满足物联网通信。

(4)频谱效率要比 LTE 提升 10 倍以上。

(5)连续广域覆盖和高移动性下,用户体验速率达 100 Mbit/s。

(6)流量密度和连接数密度大幅度提高。

(7)系统协同化、智能化水平提升,表现为多用户、多点、多天线、多摄取的协同组网,以及网络间灵活地自动调整。

目前 5G 通信技术已经从商用逐步走向民用,主要的应用领域包括:

1.车联网与无人驾驶车

起初的车联网技术是利用有线通信的路侧单元(道路提示牌)以及 2G/3G/4G 网络

承载车载信息服务,而现在车联网正在依托高速移动的通信技术,逐步步入自动驾驶时代,并促进了无人驾驶车的研发与投产。

2.外科手术

2019 年 1 月 19 日,中国一名外科医生利用 5G 技术实施了全球首例远程外科手术。这名医生在福建省利用 5G 网络,操控 30 千米以外一个偏远地区的机械臂进行手术。在进行的手术中,由于延时只有 0.1 秒,外科医生用 5G 网络切除了一只实验动物的肝脏。可见 5G 网络的速度和较低的延时性已经满足了远程呈现、甚至远程手术的要求。

3.智能电网

智能电网具有高安全性和全覆盖的两大特性,智能电网必须在海量连接以及广覆盖的测量处理体系中,做到 99.999% 的高可靠度;超大数量末端设备的同时接入、小于 20 ms 的超低时延,以及终端深度覆盖、信号平稳等是其可安全工作的基本要求。5G 通信技术在安全性以及覆盖维度上能够满足其需求。

当然,5G 并不会完全取代 4G 和 Wi-Fi 等通信技术,而是将 4G、Wi-Fi 等融入其中,为用户带来更为丰富的体验。通过将 4G、Wi-Fi 等整合进 5G 里面,用户不必关注自己所处的网络,不需要手动连接 Wi-Fi 网络,系统会自动根据现场网络质量情况连接使用户体验最佳的网络之中,真正实现无缝切换。5G 通信技术使人们见证着从数字世界向真正的互联社会的突破性转变。

6.2 搭建无线通信网络

工业无线通信技术是 21 世纪初新兴的无线通信技术,它面向仪器仪表、设备与控制系统之间的信息交换,是对现有通信技术在工业应用方向上的功能扩展和提升。应用的行业包括石化、冶金、电力、煤炭、烟草、长距离管线、海上石油平台等行业。无线传送是指除了网关设备与监控系统之间以有线方式互联外,网关设备与多台无线变送器之间是以无线方式传送数字信号。

工业无线通信技术是在现有智能数字仪表和现场总线技术基础上发展起来的最新技术,它不仅能传送现场设备(如各类变送器)的检测参数的测量值信号(如压力、温度的实时测量值),还可以同时传送多种类型信息,如设备状态和诊断报警、过程变量的测量单位、回路电流和百分比范围、生产商和设备标签等。

基于工业无线技术的测控系统,与传统的有线测控系统相比,具有以下优势:

1.低成本

传统的有线测控系统需要布线,一般环境下布线的成本是 30~100 元/米,在一些恶劣环境下,可达 2 000 元/米。测控系统运行期间需要不断检测系统状态,发现错误并更换电缆。使用工业无线技术将使测控系统的安装与维护成本降低 90%,是实现低成本测控系统的关键。

2.高可靠、易维护

在有线系统中,绝大部分系统故障是由电缆或电缆的连接器件损坏而引发的,其维护复杂程度大、维护费用高。使用无线技术将会杜绝此类故障的发生。工业无线设备可以采用电池供电,利用定时休眠等方法,可持续工作数年以上,维护成本极低。

3.高灵活、易使用

使用无线技术后,现场设备摆脱了电缆的束缚,从而增加了现场仪表与被控设备的可移动性、网络结构的灵活性以及工程应用的多样性,用户可以根据工业应用需求的变化,快速、灵活、方便、低成本地重构测控系统。

无线网络在工业现场主要应用在设备或环境实现物理连接困难以及技术上不允许或不希望用物理连接的场合,如移动或旋转设备、运动节点、远距离设备管理、障碍物阻隔环境、高危环境等,以弥补有线网络的不足。由于有线和无线通信都支持 TCP/IP 协议,因此这两种通信方式能够有机地结合在一起,发挥各自优势。

6.2.1　无线网络设备

在搭建无线网络时,有时候需要使用无线路由,有时候会使用无线 AP。下面从设备功能、特性应用、组网结构和成本价格四个方面进行简单的比较。

1.从设备功能区分

无线 AP 主要是提供无线工作站对有线局域网和有线局域网对无线工作站的访问。在接入点覆盖范围内的无线工作站可以通过 AP 进行相互通信。通俗地讲,无线 AP 是无线网络和有线网络之间沟通的桥梁。由于无线 AP 的覆盖范围是一个向外扩散的圆形区域,因此,应当尽量把无线 AP 放置在无线网络的中心位置,而且各无线客户端与无线 AP 的直线距离最好不要超过 30 m,以避免通信信号衰减过多而导致通信失败。

无线路由器是 AP 与宽带路由器的一种结合体,它借助于路由器功能,可实现家庭无线网络中的 Internet 连接共享,实现 ADSL 和小区宽带的无线共享接入。另外,无线路由器可以把通过它进行无线和有线连接的终端都分配到一个子网,这样子网内的各种设备交换数据就变得非常方便。

可以这样说:无线路由器就是 AP、路由功能和交换机的集合体,支持有线、无线组成同一子网,直接接上 Modem。无线 AP 相当于一个无线交换机,接在有线交换机或路由器上,为与它连接的无线网卡从路由器那里获得 IP 地址。

2.从特征应用区分

对需要大量 AP 来进行大面积覆盖的公司来说,独立的 AP 使用得比较多,所有 AP 通过以太网连接起来并连到独立的无线网络防火墙。

无线路由器在 SOHO 的环境中使用得比较多。在这种环境下,一个 AP 就足够了。这样就整合了宽带接入路由器和 AP 的无线路由器,提供了单机的解决方案,与两个分开的计算机的方案相比要容易管理和便宜一些。无线路由器一般包括网络地址转换(NAT)协议,以支持无线网络用户的网络连接共享——这是 SOHO 环境中很好用的一个功能。它们也可能有基本的防火墙或者信息包过滤器来防止端口扫描软件和其他针对宽带连接的攻击。最后,大多数无线路由器都包括一个 4 接口的以太网转换器,可以连接几台有线的计算机。这对于管理路由器或把一台打印机连接上局域网来说非常方便。

3.从组网结构区分

无线 AP 不能直接与 ADSL Modem 相连,在使用时必须再添加一台交换机或集线器。无线路由器和无线 AP 的用法是一样的,但是由于大部分无线路由器都具有宽带拨号的能力,因此可以直接跟 ADSL Modem 连接,进行宽带共享。

4.从成本价格区分

IEEE 802.11b 的无线 AP 和无线路由器的价格相差不多,一般无线路由器的价格会高 100 元左右。IEEE 802.11g 的产品则要看具体情况,根据品牌和附加功能的不同,两者价格相差由一百元到几百元不等。

6.2.2 无线网络管理

项目要求:某工厂需要组建局域网以便对厂区情况进行管理与监控,但是由于工作环境的限制不能铺设有线网络,因此需要网络管理员利用无线通信模块组建无线局域网以实现厂区的需求。

项目目的:了解并掌握工业无线通信网络的组网方法;掌握工业无线通信网络的配置及测试方法。

项目设备:SCALANCE XM408 交换机一台;SCALANCE XB208 交换机一台;SCALANCE W734 无线通信模块两个;PLC(S7 1200)一台;I/O 操作面板一套;工业以太网线缆四根。

项目功能:项目网络拓扑结构如图 6-1 所示。

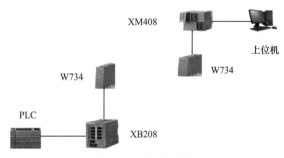

图 6-1 网络拓扑结构

项目的具体实施步骤如下:

第 1 步,为上位机进行 IP 地址(192.168.0.120)和子网掩码(255.255.255.0)配置。

第 2 步,利用工业以太网线缆将上位机与 SCALANCE XM408 的空闲以太网端口相连,利用 PST 工具将 SCALANCE XM408 的 IP 地址配置为 192.168.0.11,将 SCALANCE W734 的 IP 地址配置为 192.168.0.31,结果如图 6-2 所示。

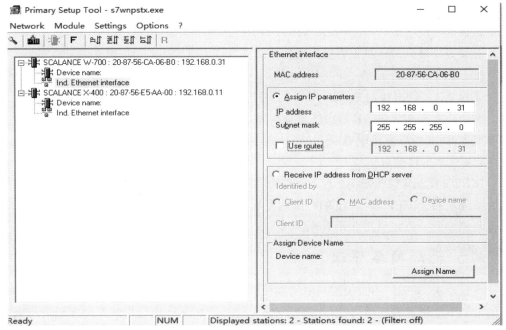

图 6-2　XM408 的 IP 地址和子网掩码的配置

第 3 步,利用工业以太网线缆将上位机与 SCALANCE XB208 的空闲以太网端口相连,利用 PST 工具为其配置 IP 地址为 192.168.0.12,将 SCALANCE W734 的 IP 地址配置为 192.168.0.32,结果如图 6-3 所示。

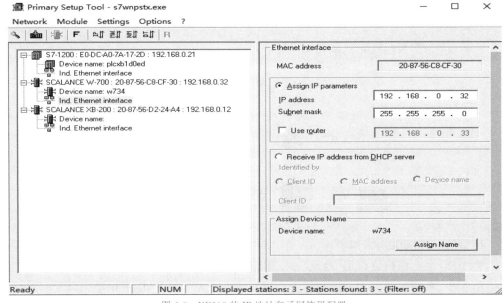

图 6-3　XB208 的 IP 地址和子网掩码配置

第 4 步,利用上位机为 S7 1200 配置 IP 地址(192.168.0.21)和子网掩码(255.255.255.0),结果如图 6-4 所示。

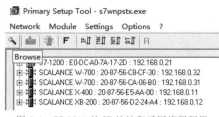

图 6-4　S7 1200 的 IP 地址和子网掩码配置

第 5 步，利用工业以太网线缆将上位机与 SCALANCE XM408 相连，在上位机的浏览器中输入 SCALANCE W734 的 IP 地址 192.168.0.31，进入其登录界面。SCALANCE W734 的默认用户名和密码均为 admin，首次登录后，会弹出要求修改登录密码界面，结果如图 6-5 所示。

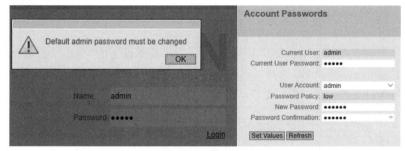

图 6-5　W734 密码修改界面

第 6 步，输入新的密码后，单击"Set Values"按钮，完成密码的修改，进入 SCALANCE W734 的配置界面，单击配置界面右上角的图标 ▣，弹出 SCALANCE W734 模块指示灯监视界面，看出"RI"指示灯为白色，说明该模块的无线功能还未开启，结果如图 6-6 所示。

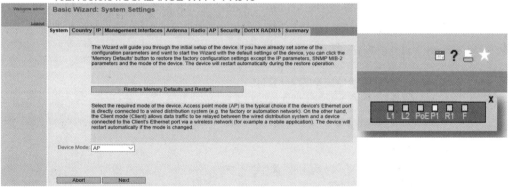

图 6-6　W734 的初始配置界面及指示灯监视界面

第 7 步，在浏览器地址栏上刷新一次，重新登录 SCALANCE W734 配置界面，可以单击左侧"Basic Wizard"选项，以向导的形式进行基本配置，也可以分别单击左侧"Information""System""Interfaces""Layer 2"等各项，进行有针对性的配置，如图 6-7 所示。

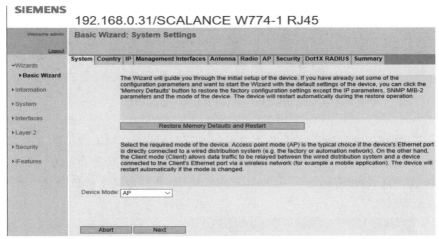

图 6-7　W734 完整配置界面

第 8 步,进行无线配置,单击目录树中"Interfaces"项目下的"WLAN"选项,在右侧的页面中单击"Antennas"页签,选择"Antenna Type"为"ANT795-4MA",其他配置保持不变,单击"Set Values"按钮,结果如图 6-8 所示。

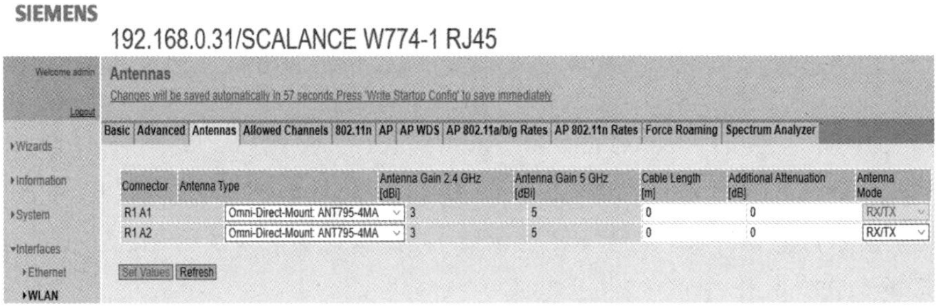

图 6-8　Antennas 配置

第 9 步,单击"Basic"页签,选择"Country Code"为"China",并选中"Enabled"复选框,将"max.Tx Power"值选为 17 dBm("Tx Power Check"显示为"Allowed"),其他配置保持不变,单击"Set Values"按钮,结果如图 6-9 所示。

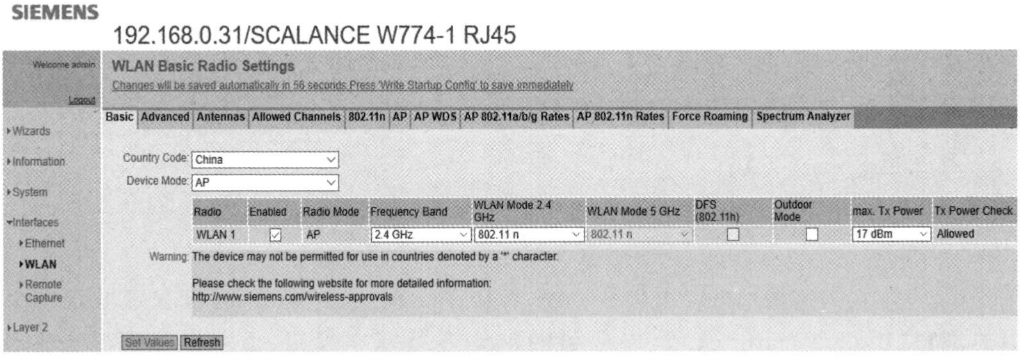

图 6-9　Basic 配置

补充:用户可以单击配置界面右上角的模块指示灯监视按钮,可以看到"R1"指示灯开始闪动,这说明 SCALANCE W734 的无线功能已经启用。

第 10 步，单击"Allowed Channels"页签，可以保持默认设置（所有信道都勾选，设备根据无线环境自适应选择信道），也可以勾选"Use Allowed Channels only"后，选择特定的信道，本项目保持默认设置，如图 6-10 所示。

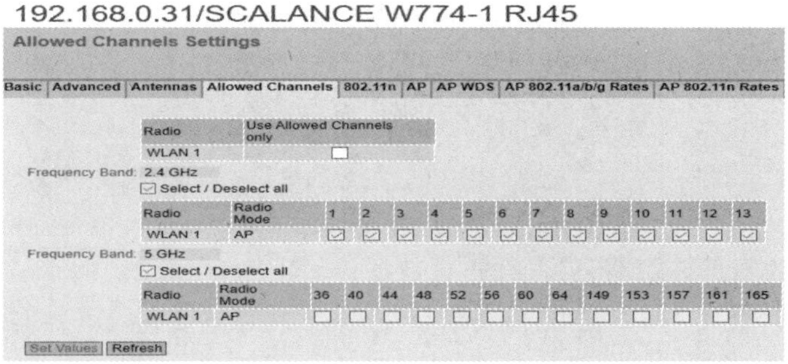

图 6-10　信道配置

第 11 步，单击"AP"页签，修改 SSID 号（如 Siemens Wireless 1），同时对 SSID 号之前的"Enabled"进行勾选，如图 6-11 所示。

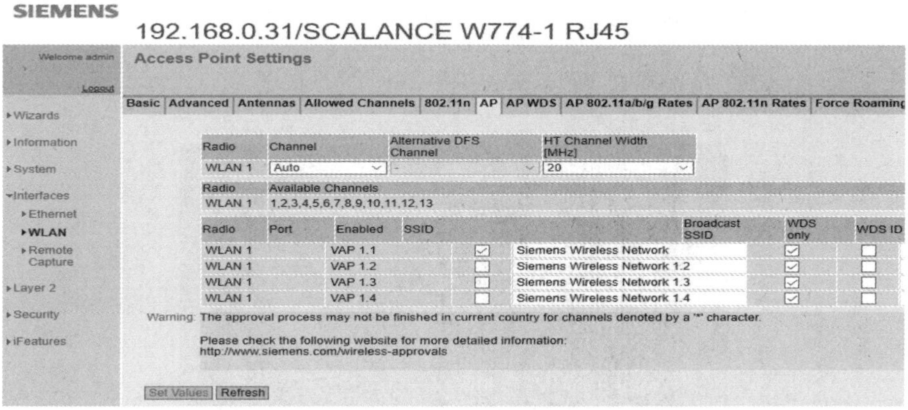

图 6-11　SSID 命名配置

第 12 步，配置另一个无线通信模块，其过程与上一个无线通信过程一致。在 SSID 配置时单击"Client"页签，设置 SSID 名称为 Siemens Wireless 1（注意：要与 AP 设置的 SSID 名称一样，以便该客户端能够自动连接 AP），如图 6-12 所示。

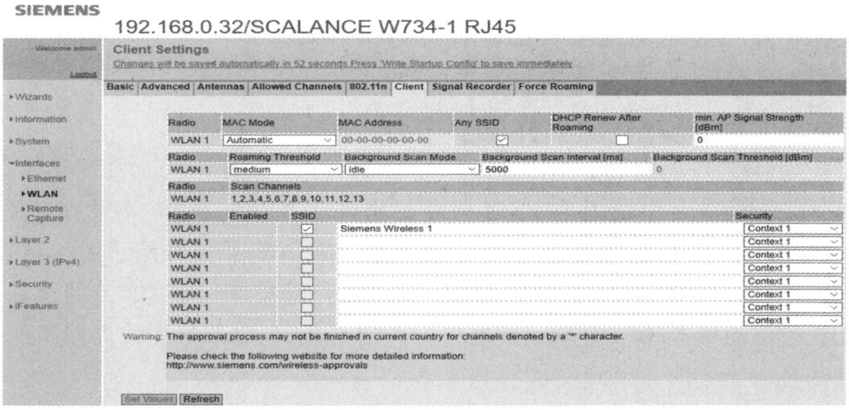

图 6-12　SSID 名称配置与 AP 一致

第 13 步,在博途中配置 PLC。

第 14 步,验证通信效果。

(1)在博途软件"项目树"中,打开"默认变量表"的"全部监视"按钮,可以看到监视界面中的三个变量均为 FALSE,与实际开关状态一致,如图 6-13 所示。

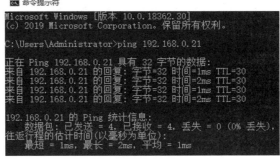

图 6-13 I/O 开关保持原始状态时的通信效果

说明:此时的数据传输路径是通的,且数据传输正确。

(2)此时将开关 1 打开,可以看到默认变量表中对应变量 DI_0 与 Q_0 的值均为 TRUE,如图 6-14 所示。

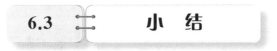

图 6-14 I/O 开关打开的通信效果

(3)打开上位机的终端界面,输入 ping 192.168.0.21,如图 6-15 所示。

```
命令提示符
Microsoft Windows [版本 10.0.18362.30]
(c) 2019 Microsoft Corporation. 保留所有权利。

C:\Users\Administrator>ping 192.168.0.21

正在 Ping 192.168.0.21 具有 32 字节的数据:
来自 192.168.0.21 的回复: 字节=32 时间=1ms TTL=30
来自 192.168.0.21 的回复: 字节=32 时间=2ms TTL=30
来自 192.168.0.21 的回复: 字节=32 时间=1ms TTL=30
来自 192.168.0.21 的回复: 字节=32 时间=2ms TTL=30

192.168.0.21 的 Ping 统计信息:
    数据包: 已发送 = 4,已接收 = 4,丢失 = 0 (0% 丢失),
往返行程的估计时间(以毫秒为单位):
    最短 = 1ms,最长 = 2ms,平均 = 1ms
```

图 6-15 访问 PLC

说明:上位机与 PLC 通过无线通信模块组建网络可以实现通信。

6.3 小 结

本章主要介绍无线通信技术,因为工作环境的一些外在因素,有时在组建网络时采用有线网络,实现起来会比较困难,这时就需要用到无线通信技术,本章中简单介绍了 WLAN 的概念以及一些相关的协议,同时介绍了 IWLAN,重点介绍了无线网络设备以及如何利用 PST、博途来配置无线网络以及对无线网络的管理,通过本章的学习,读者可以了解无线通信的基本概念,理解无线网络设备的功能,同时掌握无线局域网的搭建、配置与管理的技巧。

//////////////////////// 练习题 ////////////////////////

1.无线网络采用扩展频谱方式进行信息传输,常用的扩频通信的基本工作方式主要包括(　　)、(　　)、(　　)和(　　)四种。

2.简述无线局域网组网的常用设备有哪些。

3.简述无线局域网的实现需要满足的技术要求有哪些。

4.与有线网络相比,简述无线网络的优势。

5.书中的案例采用了两个变量进行测试,读者自主设置默认变量表,设置三个变量,来完成项目的测试,如图 6-16 所示。

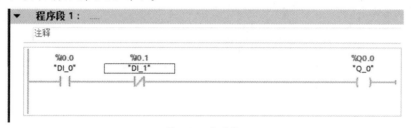

图 6-16　练习题 5

第7章

工业网络安全

网络安全是指网络系统硬件、软件及其系统中的数据受到保护,不因偶然或者恶意的原因而遭受破坏、更改、泄露,保证系统连续可靠正常地运行,网络服务不中断。

7.1 工业网络安全概述

网络安全从本质上来讲就是网络上的信息安全。从广义来说,凡是涉及网络上信息的保密性、完整性、可用性、真实性和可控性的相关技术和理论都是网络安全的研究领域。

网络安全的主要特征包括以下几点:

(1)保密性:信息不泄露给非授权用户、实体或过程,或供其利用的特性。

(2)完整性:数据未经授权不能进行改变的特性。信息在存储或传输过程中保持不被修改、不被破坏和丢失的特性。

(3)可用性:可被授权实体访问并按要求使用的特性。当需要时能否存取所需的信息。例如网络环境下拒绝服务、破坏网络和有关系统的正常运行等都属于对可用性的攻击。

(4)可控性:对信息的传播及内容具有控制能力。

(5)可审查性:出现安全问题时提供依据与手段。

网络面临的威胁一般包括威胁数据完整性和威胁数据保密性。其中,对于威胁数据完整性的主要因素包括:

硬件故障:包括电源故障、介质故障、设备故障以及芯片和主板故障等。例如,路由器是内部网络与外界网络通信的出口。一旦黑客攻陷路由器,那么就掌握了控制内部网络访问外部网络的权力。

网络故障：网卡或驱动程序故障、网络设备和线路引起的网络连接问题以及辐射引起的工作不稳定等。

逻辑问题：软件错误、物理或网络问题均可能导致文件损坏，操作系统本身不完善造成的错误、不恰当的用户操作也会导致故障等。例如，Windows 系统中，未及时安装补丁、开启不必要的服务、管理员口令设置不正确和默认共享漏洞等。Linux 系统中，账号与口令不安全、NFS 文件系统漏洞、作为 root 运行的程序不安全等。

人员因素：人员因素是安全问题的薄弱环节，必须对用户进行必要的安全教育，选择有较高责任心的人作网络管理员，制定出具体措施，提高安全意识。例如，对企业不满的员工以及对安全不了解的员工均能造成对局域网的威胁。

灾难因素：包括火灾、水灾、地震、事故等自然灾害和人为破坏。

威胁数据保密性的主要因素有以下几点：

（1）直接威胁：如窃取用户对网络设备以及信息资源进行非正常使用或超越权限使用等。

（2）线缆连接：通过线缆或电磁辐射进行网络接入，借助一些工具软件进行窃听、登录专用网络、冒名顶替等。

（3）身份鉴别：利用各种假冒或欺骗的手段非法获得合法用户的使用权，以达到占用合法用户资源的目的。

（4）恶意程序：通过恶意程序进行数据破坏，如病毒和木马。

（5）系统漏洞：操作系统本身存在漏洞，造成不安全的服务。

局域网安全的目标是通过采用各种技术和管理措施，使局域网系统正常运行，从而确保局域网数据的保密性、完整性、可用性、可靠性、可控性和真实性，以达到经过网络传输和交换的数据不会被增加、修改、丢失和泄露的目的。网络安全策略的目标是保护资源不被有意或无意的误用，以及抵御网络黑客的威胁和各种计算机网路病毒的攻击。

保密性是指网络信息不被泄露给非授权的用户、实体，以避免信息被非法利用。有些网络信息可能认为是私有或保密的，网络安全机制必须对这些信息进行恰当的规定和对它们的访问进行控制。

完整性是指网络信息未经授权不能被改变，计算机网路系统和它所保持的信息必须完整、可靠。

可用性是网络信息可被授权实体访问并合法使用的特性，当网络用户需要时，计算机网路系统和它所拥有的最重要的信息必须可用。

可靠性是指网络信息系统能够在规定事件和条件下完成规定的功能，保证计算机网络系统让所有的网络用户都能可靠地访问各种网络资源。

可控性是对网络信息的传播及内容具有控制能力的特性。

真实性是指在网络信息系统的信息交互过程中，确信参与者的真实统一性。

1.局域网安全体系

（1）访问控制。访问控制根据主体和客体之间的访问授权关系，对访问过程做出限制，可分为自主访问控制和强制访问控制。自主访问控制主要基于主体的活动，实施用户权限管理、访问属性（读、写及执行）管理等。强制访问控制则强调对每一主、客体进行密集划分，并采用敏感标识来标识主、客体的密级。

（2）检查安全漏洞。通过对安全漏洞的周期检查，即使攻击可到达攻击目标，也可使绝大多数攻击无效。

（3）攻击监控体系。通过对特定网段、服务建立的攻击监控体系，可实时检测出绝大多数攻击，并采取相应的行动（如断开网络连接、记录攻击过程、跟踪攻击源等）。

（4）加密通信。主动的加密通信，可使攻击者不能了解、修改敏感信息。

（5）认证。身份认证主要是通过标识和鉴别用户的身份，防止攻击者假冒合法用户获取访问权限。良好的认证体系可防止攻击者假冒合法用户。

（6）备份和恢复。良好的备份和恢复机制，可在攻击造成损失时，尽快地恢复数据和系统服务。

（7）多层防御。攻击者在突破第一道防线后，会延缓或阻断其到达攻击目标。

（8）隐藏内部信息。使攻击者不能了解系统内的基本情况。

（9）设立安全监控中心。为信息系统提供安全体系管理、监控以及紧急情况服务。

网络中存在许多安全隐患，为了有效地进行防范和控制，需要使用相关的技术和措施来确保网络信息的保密性、完整性和可用性，维护网络的正常运行。

2.网络安全防护措施

（1）防火墙技术

网络防火墙技术是一种用来加强网络之间访问控制，防止外部网络用户以非法手段进入内部网络访问网络资源，以保证内部网络操作环境的特殊网络互联技术。防火墙是目前保护内部网络和服务器免遭黑客袭击的有效手段之一。

（2）加强主机安全

对于主机，要加强主机认证、权限和访问控制，加强口令管理和删除一些危险服务。由于操作系统和各类软件自身设计上的漏洞往往会成为网络系统的安全隐患，因此需要不定期升级系统，安装软件补丁。

（3）加密和认证技术

加密技术是最基本的安全技术，主要功能是提供机密性服务。认证技术主要包括身份认证和消息认证，允许用户在权限范围访问其可访问的数据信息。

（4）入侵检测系统

入侵检测系统是用来检测计算机网路上的异常活动，确定这些活动是否为敌意的和未经批准的，并做出适当的反应。

（5）虚拟专用网

虚拟专用网利用公共网络替代传统专线而在企业中进行网络互联，在减轻企业费用的同时还具有数据安全、管理方便的特点。

（6）防病毒软件

多数计算机病毒可借助于网络进行传播，速度快、范围广、危害大，因此，为预防病毒和及时发现病毒，应安全防病毒软件。

7.2 工业防火墙

防火墙起源于一种古老的安全防护措施。防火墙技术就是一种保护计算机网络安全的技术性措施,是由硬件和软件设备组合而成,在内部网和外部网之间、专用网与公共网之间的界面上构造的保护屏障。它是一种获取安全性方法的形象说法,在 Internet 与 Intranet 之间建立起一个安全网关(Security Gateway),从而保护内部网免受非法用户的侵入。防火墙主要由服务访问规则、验证工具、包过滤和应用网关四个部分组成。防火墙通常使用的安全控制手段主要包括包过滤、状态检测、代理服务。

防火墙能强化安全策略,有效地记录 Internet 上的活动。同时能限制暴露用户点,它隔开了网络中一个网段与另一个网段,这样能够防止影响某一个网段的问题通过整个网络传播。防火墙是一个安全策略的检查站,所有进出的信息都必须通过防火墙,这样它便成为安全问题的检查点,使可疑的访问被拒绝于门外。

随着工控信息安全越来越成为各方关注的焦点,越来越多的工业企业对工控信息安全产品投入了更多的关注目光。现阶段工业防火墙仍是防护工控信息安全的主流产品,作为扼守工业网络安全的重要设备,工业防火墙在运行稳定性、响应精准性以及安全防护的能力上依然是工业用户普遍关注的重点。未来防火墙的发展趋势是向高速、多功能化、更安全的方向发展。防火墙技术只有不断向主动型和智能型等方向发展,促进新一代防火墙技术产生,才能更好地满足人们对防火墙技术日益增长的需求,更好地促进我国经济的发展。

防火墙分为硬件防火墙和软件防火墙,硬件防火墙通过硬件和软件的结合来达到隔离内、外部网络的目的,价格昂贵,但效果较好,一般小型企业和个人很难实现。软件防火墙通过软件的方式来达到目的,价格很便宜,但这类防火墙只能通过一定的规则来达到限制一些非法用户访问内部网络的目的。

防火墙的发展历史:

(1)第一代防火墙。采用包过滤的技术。

(2)第二、第三代防火墙。推出电路层防火墙、应用层防火墙的初步结构。

(3)第四代防火墙。开发出基于动态包过滤技术的第四代防火墙。

(4)第五代防火墙。NAI 公司推出一种自适应代理技术。

7.2.1 防火墙的主要功能

防火墙的主要功能如下:

(1)过滤不安全服务和非法用户,禁止未授权的用户访问受保护网络。

(2)控制对特殊站点的访问,防火墙可以允许受保护网络的一部分主机被外部网访问,而另一部分被保护起来,防止不必要访问。如受保护网络中的 Man、FTP、www 服务器等可允许被外部网络访问,而其他网络的访问则被主机禁止。有的防火墙同时充当对外服务器,而禁止对所有受保护网络内主机的访问。

(3)提供监视 Internet 安全和预警的端点。防火墙可以记录下所有通过它的访问,并提供网络使用情况的统计数据。

(4)防止内部网络信息的外泄。利用防火墙对内部网络的划分,可实现内部网络重点网段的隔离,从而限制重点或敏感网络安全问题对整个内部网络造成的影响。

(5)地址转换。NAT(Network Address Translation)的功能是指负责将其私有的 IP 地址转换为合法的 IP 地址(经过申请的 IP 地址)进行通信。在一个网络内部,根据需要可以随意设置私有 IP 地址,而当内部的计算机要与外部 Internet 网络进行通信时,具有 NAT 功能的设备可以实现地址转换的功能,管理员可以决定哪些 IP 地址需要映射成能够接入 Internet 的有效地址,哪些地址被屏蔽掉,不能接入 Internet。

7.2.2　防火墙的局限性

影响网络安全的因素有很多,防火墙的局限性主要有以下几点:

(1)不能防范绕过防火墙的攻击。

如果允许从受保护的内部网络不受限制地向外拨号,一些用户可形成与 Internet 的直连接,从而绕过防火墙,形成潜在的"后门"攻击渠道。

(2)一般的防火墙不能防止受到病毒感染的软件或文件的传输。

防火墙不能很好地防范病毒的入侵。在网络上传输二进制编码文件的方式有很多,以这种形式入侵的病毒的数量、种类也很多,而防火墙不可能扫描每一个文件,查找潜在的所有病毒。

(3)不能防止利用标准网络协议的缺陷进行的攻击。

一旦防火墙准许某些标准网络协议,它就不能防止利用该协议的缺陷进行的网络攻击。

(4)难以避免来自内部网络用户的攻击。

防火墙只能防护来自外部网络用户的攻击,对于来自内部网络用户的攻击只能依靠其他安全防护措施。

未来防火墙技术的发展趋势有以下几点:

(1)优良的性能。

(2)可扩展的结构和功能。

(3)简化的安装与管理。

(4)主动过滤。

(5)防病毒与防黑客。

项目要求:现有一个生产车间,包括两个工艺单元,每个工艺单元分别有一个 PLC S7 1200。

两个工艺单元与车间"生产监控服务器"通过交换机 SCALANCE XM408 连接。防火墙模块 SCALANCE S615 将生产网络与外部管理网络隔开。要求实现车间内部网络可以访问外部网络,外部网络不能访问车间内部网络的功能,防止外部网络的恶意攻击。在外部网络中,只有特定的用户可以访问内部网络。

项目目的:实现生产车间的安全防护,防止外部网络随意攻击车间内部网络。

项目设备:SCALANCE S615 一台;SCALANCE XM408 一台;SCALANCE XB208 两台;PLC(S7 1200)两台;上位机两台;工业以太网线缆七根。

项目功能:通过防火墙的稳定运行、精准响应以及安全防护,为生产车间内部网络提供安全保障,其网络拓扑结构如图 7-1 所示。

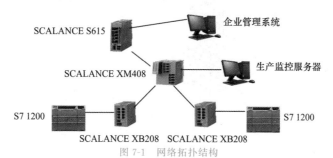

图 7-1 网络拓扑结构

项目的具体实现步骤如下:

第 1 步,上位机与 SCALANCE S615 连接,在浏览器中输入 IP,用户单击"详细信息",进入安全提示,用户直接单击"继续转到网页"即可,如图 7-2 所示。

图 7-2 网站信息安全提示

第 2 步,用户进入 SCALANCE S165 登录界面,输入用户名和密码(初始值均为 admin),提示用户修改密码(密码要求字母、数字、特殊字符的组合),用户按照提示操作即可。

第 3 步,修改密码以后,需要单击"Logout"重新登录 S165 配置界面,如图 7-3 所示。

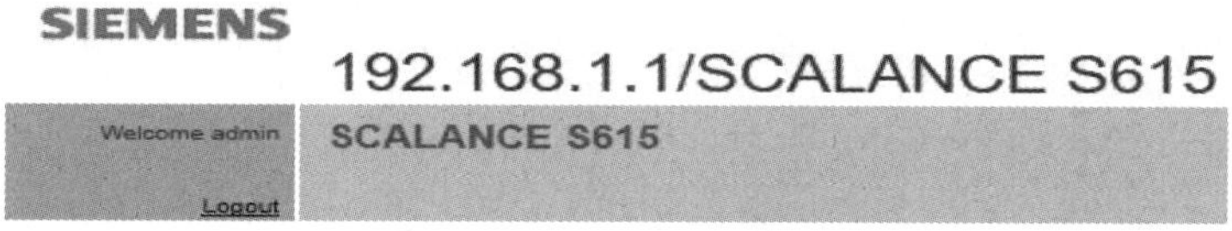

SIEMENS
192.168.1.1/SCALANCE S615

Welcome admin	**SCALANCE S615**
Logout	

图 7-3 密码修改后的界面

第 4 步,用户重新登录 SCALANCE S165 的配置界面,如图 7-4 所示。

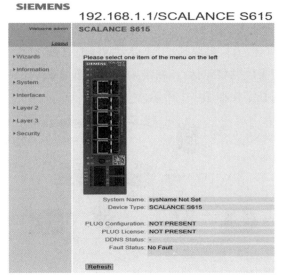

图 7-4　S165 配置界面

第 5 步,选择左侧目录树中"Layer 2"选项下的"VLAN",在右侧的"General"页签中进行 VLAN 端口配置,P1-P4 端口分配给 vlan1(INT),P5 端口分配给 vlan2(EXT),如图 7-5 所示。

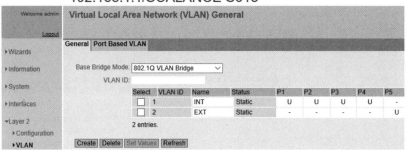

图 7-5　划分 VLAN

第 6 步,单击"Port Based VLAN"页签,可以查看 SCALANCE S165 端口的 VLAN 分配,如图 7-6 所示。

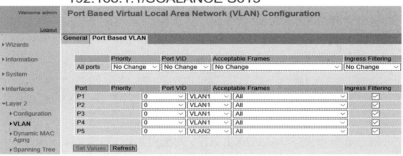

图 7-6　端口分配 VLAN

第 7 步，选择"Layer 3"目录树下的"Subnets"选项，在右侧的界面中单击"Configuration"页签，选择"Interface"下拉列表中的"vlan2（EXT）"配置外网的网关（10.10.0.1）、子网掩码（255.255.255.0）等，单击"Set Values"按钮，如图 7-7 所示。

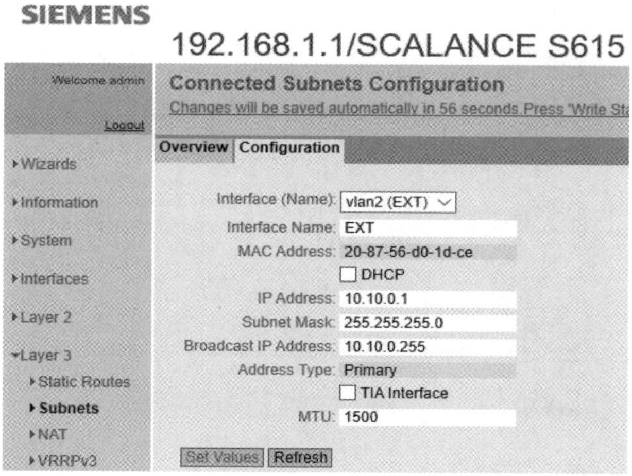

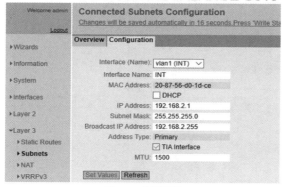

图 7-7　外网配置

第 8 步，选择 Interface 下拉选项的 vlan1（INT）配置外网的网关（192.168.2.1）、子网掩码（255.255.255.0）等，单击"Set Values"，如图 7-8 所示。

图 7-8　内网配置

第 9 步，单击"Overview"页签，查看配置情况，如图 7-9 所示。

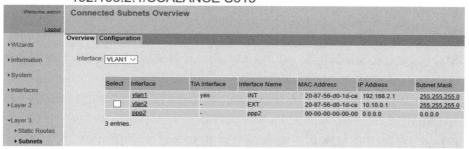

图 7-9　查看配置情况

第 10 步,选择目录树下"Security"中的"Firewall"选项,在右侧窗口中选择"General"页签,选中"Activate Firewall"复选框,其他参数不变,单击"Set Values"按钮激活防火墙功能,如图 7-10 所示。

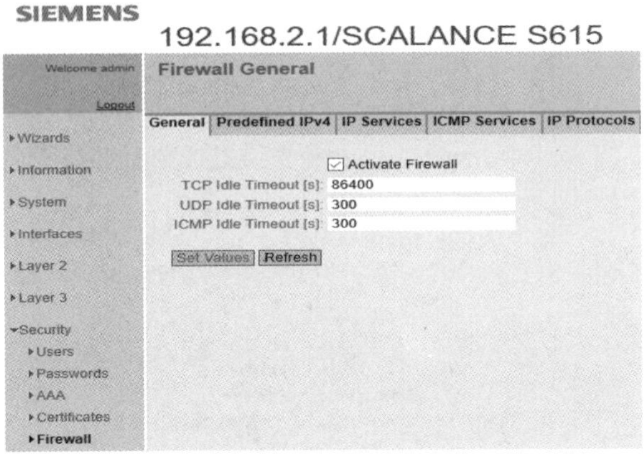

图 7-10 激活防火墙功能

第 11 步,单击"IP Rules"页签,单击"Create"按钮添加 IP 过滤规则,如图 7-11 所示。

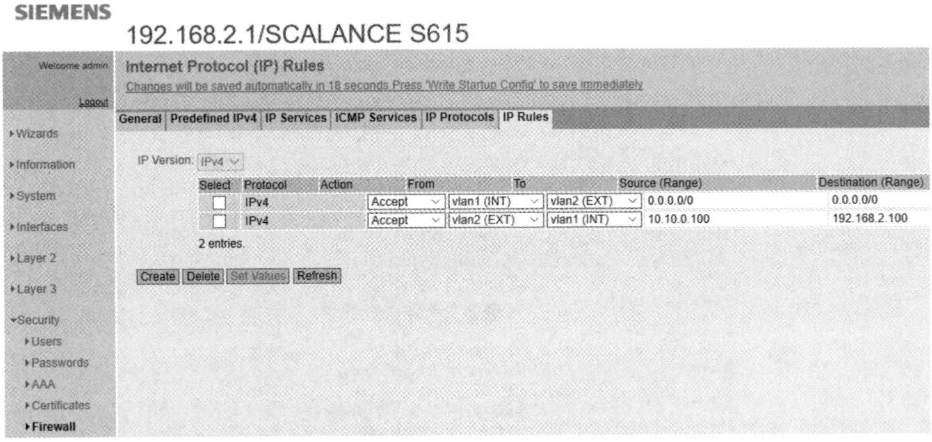

图 7-11 IP 过滤规则的配置

说明:

第一条规则表示:内网中任一主机可以访问外网的任一主机;

第二条规则表示:外网中只 IP 地址为 10.10.0.100 的主机能够访问内网,且仅可以访问内网 IP 地址为 192.168.2.100 的主机。

第 12 步,利用博途配置两个 PLC(S7 1200)的 IP 地址(192.168.2.11 和 192.168.2.12)、子网掩码(255.255.255.0)和网关(192.168.2.1)。

第 13 步,企业管理系统配置 IP(10.10.0.100)、子网掩码(255.255.255.0)和网关(10.10.0.1)。

第 14 步,生产监控服务器配置 IP(192.168.2.100)、子网掩码(255.255.255.0)和网关(192.168.2.1)。

第 15 步,按照项目网络拓扑结构规划搭建网络结构。其中"企业管理系统"与

SCALANCE S165 的端口 5 相连,将 SCALANCE XM408 与 SCALANCE S615 的 P1～
P4 任一端口连接,SCALANCE XM408 其他端口以及 XB208 端口可以任意使用。

第 16 步,防火墙效果验证。

(1)内网中任一主机可以访问外网的任一主机,如图 7-12 所示。

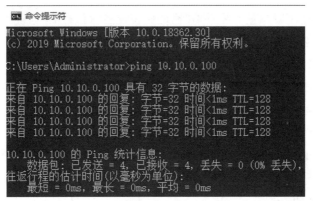

图 7-12 内网访问外网

说明:用户可以修改内网主机 IP、外网主机 IP 测试一下内网访问外网是否能成功。

(2)在外网访问内网时,外网中只有 IP 地址为 10.10.0.100 的主机能够访问内网,且
仅可以访问内网 IP 地址为 192.168.2.100 的主机,如图 7-13 所示。

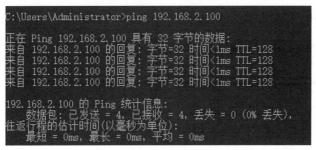

图 7-13 外网访问内网

说明:用户可以修改内网主机和外网主机再次验证反面案例。

7.3 NAT 与 NAPT

网络地址转换是另一种网络安全技术,在一定程度上可以保护内网不受攻击,可分为
NAT 和 NAPT 两种类型,下面分别进行简单介绍。

7.3.1 NAT

网络地址转换(Network Address Translation,NAT)是 1994 年提出的。在专用网络
内部的一些主机本来已经分配到了本地 IP 地址(仅在本专用网内使用的专用地址),但现
在又想和互联网上的主机通信(并不需要加密)时,可使用 NAT 方法。

这种方法需要在专用网连接到 Internet 的路由器上安装 NAT 软件。装有 NAT 软件的路由器叫作 NAT 路由器,它至少有一个有效的外部全球 IP 地址。这样,所有使用本地地址的主机在和外界通信时,都要在 NAT 路由器上将其本地地址转换成全球 IP 地址,才能和互联网连接。

另外,这种通过使用少量的公有 IP 地址代表较多的私有 IP 地址的方式,将有助于减缓可用的 IP 地址空间的枯竭。NAT 不仅能解决 IP 地址不足的问题,而且还能够有效地避免来自外部网络的攻击,隐藏并保护内部网络的计算机。

1.宽带分享

宽带分享是 NAT 主机的最大功能。

2.安全防护

NAT 之内的 PC 联机到 Internet 上面时,它所显示的 IP 是 NAT 主机的公共 IP,所以 Client 端的 PC 当然就具有一定程度的安全,外界在进行 Portscan(端口扫描)时,就监测不到源 Client 端的 PC。

传统的 NAT 是指一对一的地址映射,基本工作原理是,当私有网络主机和公共网络主机通信的 IP 包经过 NAT 网关时,将 IP 包中的源 IP 或目的 IP 在私有 IP 和 NAT 的公共 IP 之间进行转换。例如,NAT 网关有 2 个网络端口,其中公共网络端口的 IP 地址是统一分配的公共 IP(假设为 202.204.65.20);私有网络端口的 IP 地址是保留地址(192.168.1.1)。私有网络中的主机(192.168.1.2)向公共网络中的主机(192.111.80.202)发送了 1 个 IP 包(Des IP＝192.111.80.202,Src IP＝192.168.1.2)。当 IP 包经过 NAT 网关时,NAT 会将 IP 包的源 IP 转换为 NAT 的公共 IP 并转发到公共网络,此时 IP 包(Des IP＝192.111.80.202,Src IP＝202.204.65.20)中已经不含任何私有网络 IP 的信息。由于 IP 包的源 IP 已经被转换成 NAT 的公共 IP,响应的 IP 包(Des IP＝202.204.65.20,Src IP＝192.111.80.202)将被发送到 NAT。这时,NAT 会将 IP 包的目的 IP 转换成私有网络中主机的 IP,然后将 IP 包(Des IP＝192.168.1.2,Src IP＝192.111.80.202)转发到私有网络。对于通信双方而言,这种地址的转换过程是完全透明的。

NAT 的实现方式一般包括静态转换(Static Nat)、动态转换(Dynamic Nat)。

静态转换是指将内部网络的私有 IP 地址转换为公有 IP 地址,IP 地址对是一对一的,而且是固定的,某个私有 IP 地址只转换为某个公有 IP 地址。借助于静态转换,可以实现外部网络对内部网络中某些特定设备(服务器)的访问。

项目目的:某厂区为节约成本,并减少 IP 地址的浪费,通过使用静态 NAT 技术,利用少量的公有 IP 地址代表较多的私有 IP 地址,并能够保证厂区内网设备正常运转,同时保证内网免受外网的攻击。

项目设备:SCALANCE XM 408 两台;上位机两台;工业以太网线缆三根。

项目功能:通过防火墙的稳定运行、精准响应以及安全防护,为生产车间内部网络提供安全保障,其网络拓扑结构如图 7-14 所示。

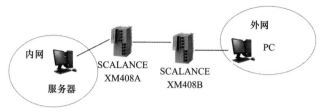

图 7-14 静态 NAT 网络拓扑结构

根据客户需求以及所提供的设备,对其进行网络拓扑结构设计,同时进行对应设备的 IP 地址分配,具体分配情况见表 7-1。

表 7-1 静态 NAT 配置 IP 地址分配表

设备		IP 地址	默认网关	子网掩码
SCALANCE XM408A	P1	192.168.1.1	—	255.255.255.0
	P8	200.1.1.3	—	255.255.255.0
服务器		192.168.1.100	192.168.1.1	255.255.255.0
SCALANCE XM408B	P1	200.1.1.2	—	255.255.255.0
	P8	192.168.2.1	—	255.255.255.0
PC		192.168.2.2	192.168.2.1	255.255.255.0

项目实现过程如下:

第 1 步,配置服务器 IP 地址、子网掩码、默认网关,结果如图 7-15 所示。

图 7-15 服务器的配置

第 2 步,利用博途配置 SCALANCE XM408A 的 IP 地址等信息,结果如图 7-16 所示。

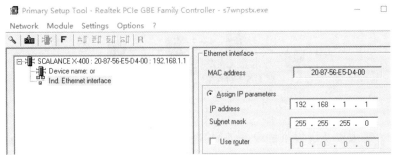

图 7-16　SCALANCE XM408A 的基本配置

第 3 步，在 IE 浏览器中打开 SCALANCE XM408A 的配置界面，划分"vlan10"，并分配端口 P1.8，结果如图 7-17 所示。

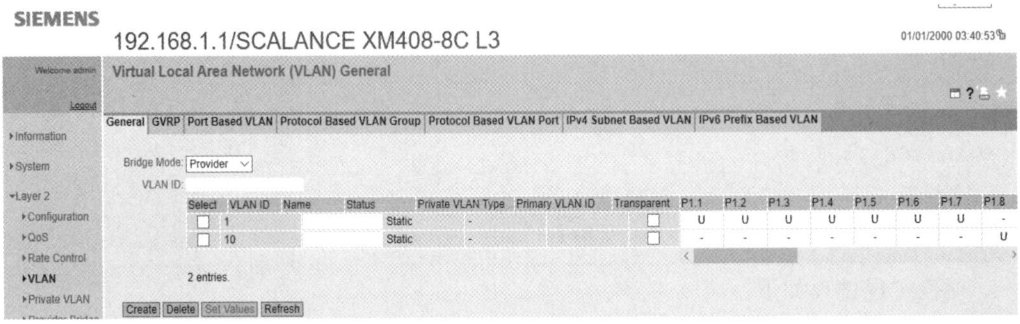

图 7-17　SCALANCE XM408A 中 VLAN 的划分

第 4 步，在"Port Based VLAN"页签中，进行端口与 VLAN 匹配，结果如图 7-18 所示。

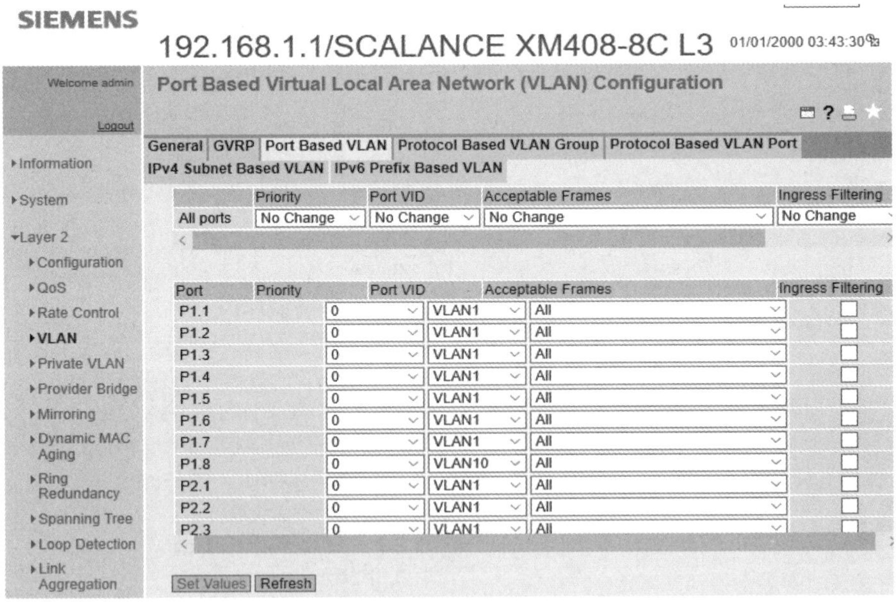

图 7-18　SCALANCE XM408A 中 VLAN 与端口对应

第 5 步，在 Layer 3(IPv4)目录树下选择"Configuration"子目录，在弹出页面中选中"Routing"复选框，启动路由功能，单击"Set Values"按钮，如图 7-19 所示。

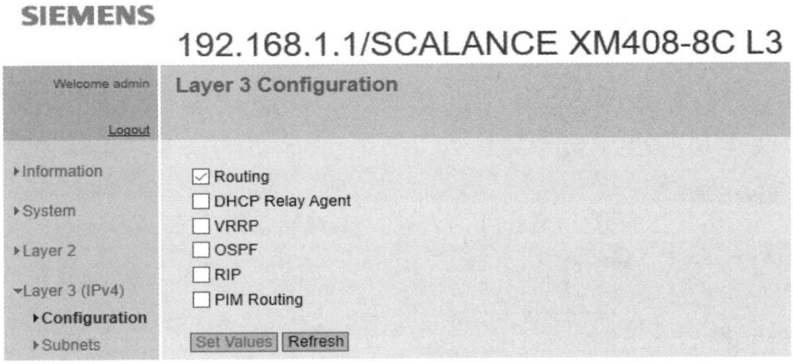

SIEMENS

192.168.1.1/SCALANCE XM408-8C L3

Welcome admin

Logout

▸ Information

▸ System

▸ Layer 2

▾ Layer 3 (IPv4)

▸ **Configuration**

▸ Subnets

Layer 3 Configuration

☑ Routing
☐ DHCP Relay Agent
☐ VRRP
☐ OSPF
☐ RIP
☐ PIM Routing

Set Values　Refresh

图 7-19　启动路由功能

第 6 步，在 Layer 3（IPv4）目录树下选择"Subnets"进行子网配置，选择"Overview"
页签，在"Interface"中选择"vlan10"，单击"Create"按钮，选择"Configuration"页签，配置
IP 地址（200.1.1.3）与子网掩码（255.255.255.0）等信息，单击"Set Values"按钮，返回
"Overview"页签，结果如图 7-20 所示。

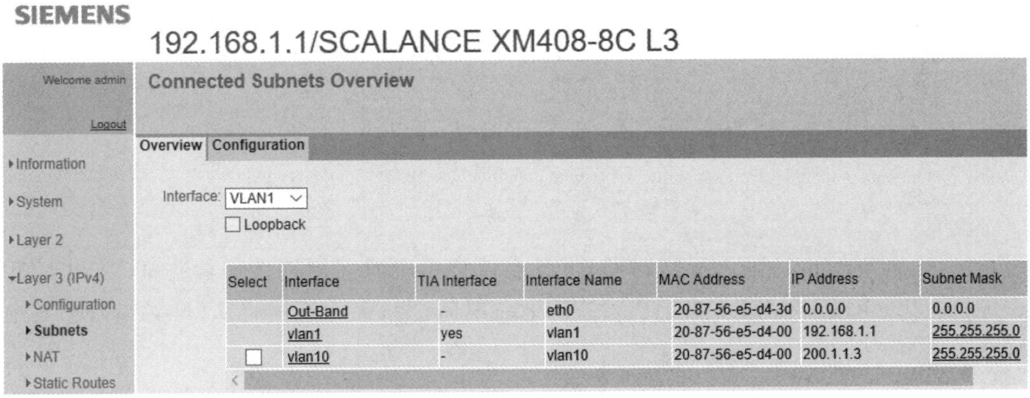

SIEMENS

192.168.1.1/SCALANCE XM408-8C L3

Welcome admin

Logout

▸ Information

▸ System

▸ Layer 2

▾ Layer 3 (IPv4)

▸ Configuration

▸ **Subnets**

▸ NAT

▸ Static Routes

Connected Subnets Overview

Overview | Configuration

Interface: VLAN1 ▾
☐ Loopback

Select	Interface	TIA Interface	Interface Name	MAC Address	IP Address	Subnet Mask
	Out-Band	-	eth0	20-87-56-e5-d4-3d	0.0.0.0	0.0.0.0
	vlan1	yes	vlan1	20-87-56-e5-d4-00	192.168.1.1	255.255.255.0
☐	vlan10	-	vlan10	20-87-56-e5-d4-00	200.1.1.3	255.255.255.0

‹

图 7-20　XM408A 的子网配置

第 7 步，在 Layer 3（IPv4）目录树下选择"Static Routes"进行静态路由配置，目的网
络地址（192.168.2.0），子网掩码（255.255.255.0），网关（200.1.1.2），单击"Set Values"按
钮，结果如图 7-21 所示。

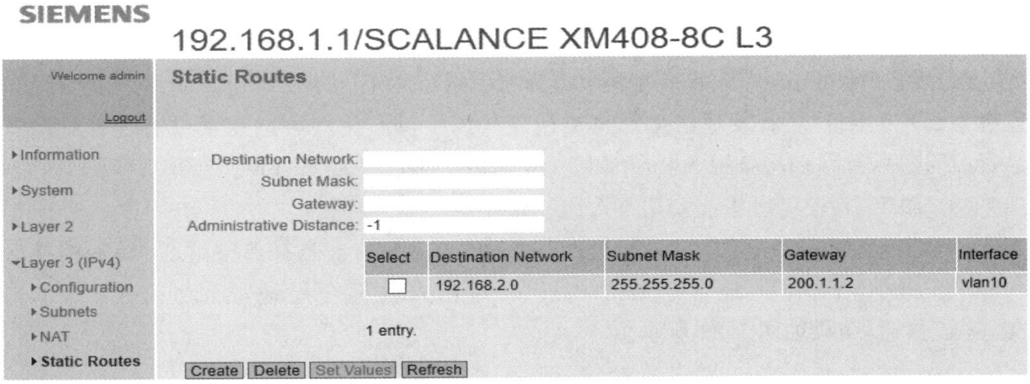

SIEMENS

192.168.1.1/SCALANCE XM408-8C L3

Welcome admin

Logout

▸ Information

▸ System

▸ Layer 2

▾ Layer 3 (IPv4)

▸ Configuration

▸ Subnets

▸ NAT

▸ **Static Routes**

Static Routes

Destination Network:
Subnet Mask:
Gateway:
Administrative Distance: -1

Select	Destination Network	Subnet Mask	Gateway	Interface
☐	192.168.2.0	255.255.255.0	200.1.1.2	vlan10

1 entry.

Create　Delete　Set Values　Refresh

图 7-21　静态路由配置

第8步,在 Layer 3(IPv4)目录树下选择"NAT"进行 NAT 配置,选择右侧界面中的"NAT"页签,选中"NAT"复选框,分别设置 Idle Timeout 为 60、TCP Timeout 为 3 600、UDP Timeout 为 300,选择组态为 NAT 的接口(vlavn 10),最后选中"NAT"复选框,单击"Set Values"按钮,结果如图 7-22 所示。

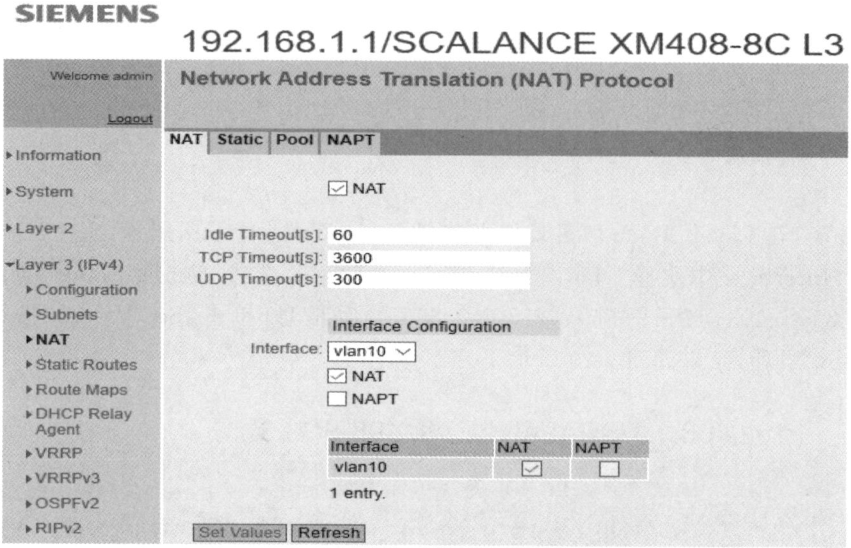

图 7-22　NAT 参数配置

说明:

(1)Idle Timeout:输入所需时间,设备会以该设定时间周期性地检查 TCP 和 UDP 连接的老化时间是否结束。自上次检查后老化时间已结束的连接将从"NAT 转换"表中删除。

(2)TCP Timeout:TCP 连接输入所需的老化时间。只有在该设定时间内未发生数据交换的 TCP 连接才会被存储。根据周期性检查,如果空闲超时已结束,则连接将从"NAT 转换"表中删除。

(3)UDP Timeout:UDP 连接输入所需的老化时间。只有在该设定时间内未发生数据交换的 UDP 连接才会被存储。根据周期性检查,如果空闲超时已结束,则连接将从"NAT 转换"表中删除。

(4)接口(Interface):从下拉列表中选择希望组态 NAT 的 IP 接口。只要将接口组态设置为 NAT 接口,所有其他组态都将被视为从该接口开始。这意味着可通过自身接口进行访问的所有网络均被视为"Outside",所有其他网络均为"Inside"。

(5)NAT:IP 接口启用或禁用 NAT。

第9步,选择"Static"页签,进行静态 NAT 的基本配置。选择希望组态 NAT 的接口(vlan10),输入内部本地地址(192.168.1.100),输入内部全局地址(200.1.1.1),单击"Create"按钮,结果如图 7-23 所示。

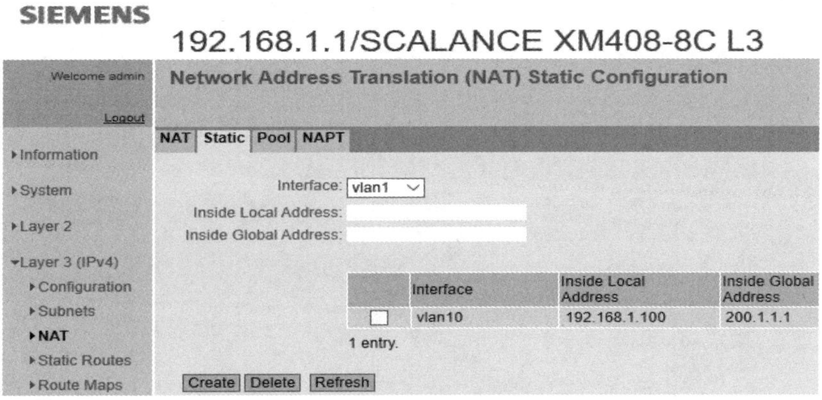

图 7-23 静态 NAT 配置

说明:

(1)内部本地地址(Inside Local Address):输入外部可访问的设备的实际地址。

(2)内部全局地址(Inside Global Address):输入可供外部访问的设备的地址。

第 10 步,配置外网,为 PC 配置 IP 地址(192.168.2.2),子网掩码(255.255.255.0),默认网关(192.168.2.1),结果如图 7-24 所示。

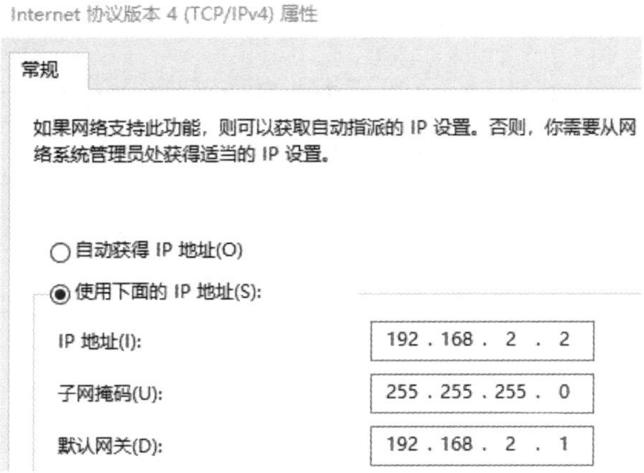

图 7-24 PC 的基本配置

第 11 步,利用博途为 SCALANCE XM408B 配置 IP(192.168.2.1)和子网掩码(255.255.255.0),如图 7-25 所示。

图 7-25 SCALANCE XM408B 的基本参数配置

第 12 步，打开 IE 浏览器输入 192.168.2.1 打开 SCALANCE XM408B 进行配置，首先在 Layer 2 目录树下选择"VLAN"子目录，在"General"页签中划分 VLAN(vlan10)，如图 7-26 所示。

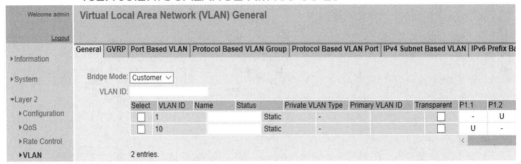

图 7-26　XM408B 划分 VLAN

第 13 步，为 VLAN 分配对应端口，如图 7-27 所示。

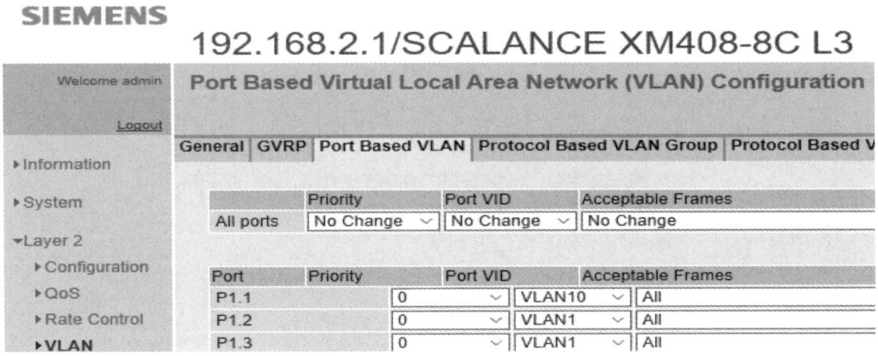

图 7-27　SCALANCE XM408B VLAN 与端口的对应关系

第 14 步，选择 Layer 3(IPv4)目录树下的"Configuration"子目录，在右侧界面中选中"Routing"复选框，打开路由功能，如图 7-28 所示。

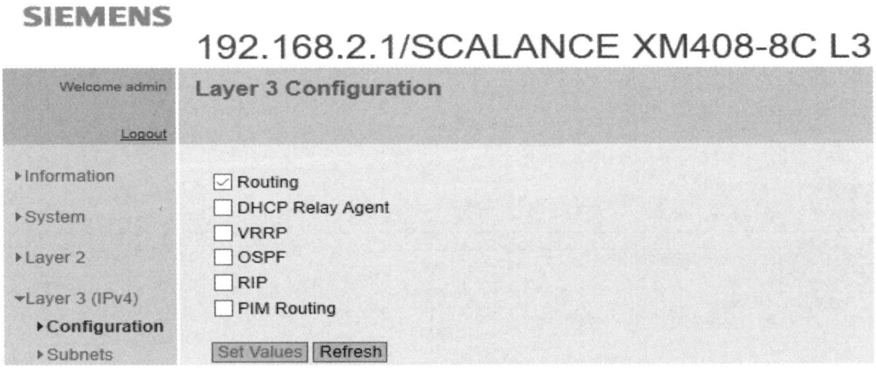

图 7-28　路由功能设置

第 15 步，选择"Subnets"子目录，配置 vlan10 端口的基本信息，单击"Set Values"按钮，如图 7-29 所示。

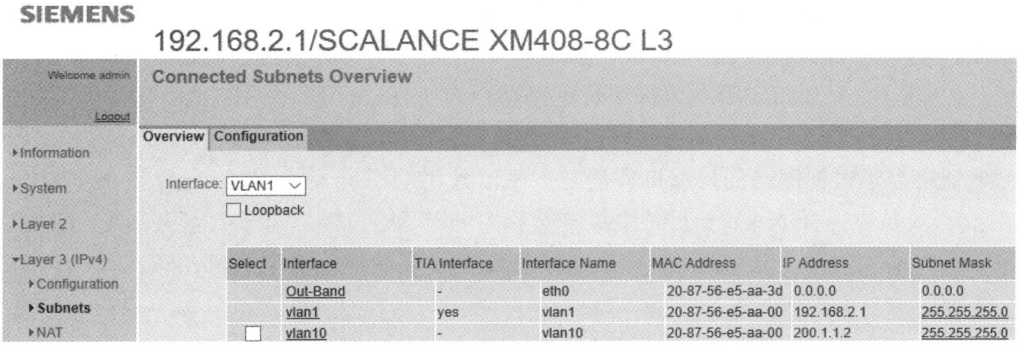

图 7-29　vlan10 的 IP 地址与子网掩码配置

说明：本项目只要求内网配置 NAT，实现外网访问的安全可控，因此 XM408B 不需要配置 NAT。

第 16 步，配置 XM408B 的静态路由，方法同 XM408A 一样。

第 17 步，验证项目效果。

（1）内网访问外网（192.168.2.2），可以连通，结果如图 7-30 所示。

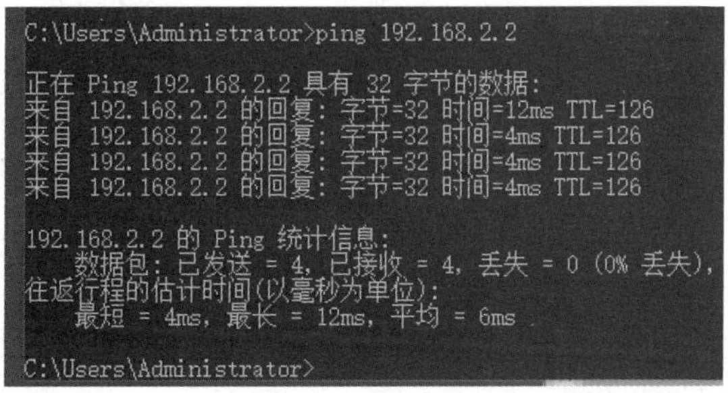

图 7-30　内网访问外网

（2）外网访问内网（192.168.1.100），访问不可达，如图 7-31 所示。

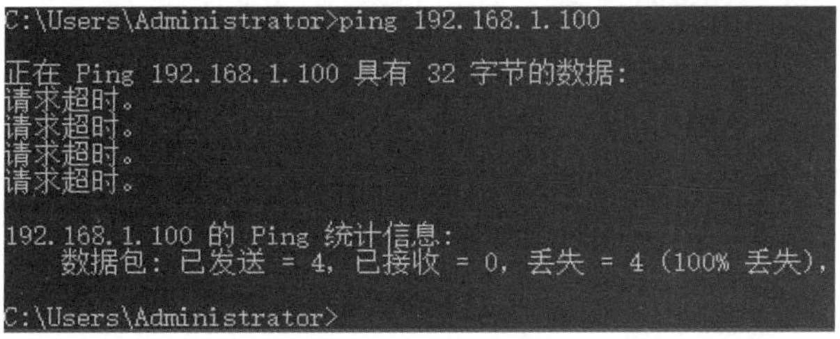

图 7-31　外网访问内网

（3）外网访问公网 IP（200.1.1.1），访问可达，如图 7-32 所示。

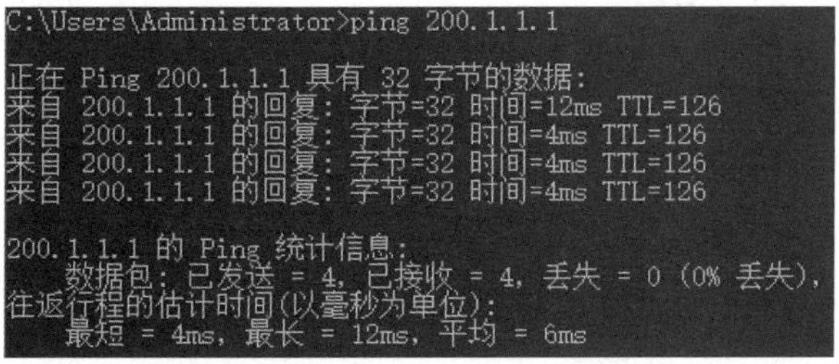

图 7-32　外网访问公网

动态转换是指将内部网络的私有 IP 地址转换为公用 IP 地址时,IP 地址是随机的、不确定的,所有被授权访问 Internet 的私有 IP 地址可随机转换为任何指定的合法 IP 地址。也就是说,只要指定哪些内部地址可以进行转换,以及用哪些合法地址作为外部地址时,就可以进行动态转换。动态转换可以使用多个合法外部地址集。当 ISP 提供的合法 IP 地址略少于内部网络的计算机数量时。可以采用动态转换的方式,与静态 NAT 配置相比较,只是在选择 NAT 子目录中页签选择"Pool"页签,然后选择组态为 NAT 的接口(vlan10),输入内部全局地址(200.1.1.1),输入内部全局地址掩码(255.255.255.0),如图7-33 所示。

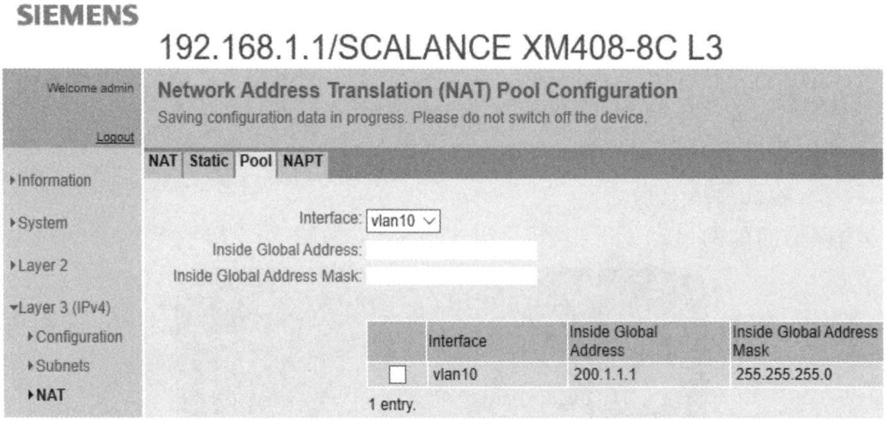

SIEMENS

192.168.1.1/SCALANCE XM408-8C L3

| Welcome admin | **Network Address Translation (NAT) Pool Configuration** |
| Logout | Saving configuration data in progress. Please do not switch off the device. |

NAT | **Static** | **Pool** | **NAPT**

Interface: vlan10 ▽
Inside Global Address:
Inside Global Address Mask:

	Interface	Inside Global Address	Inside Global Address Mask
☐	vlan10	200.1.1.1	255.255.255.0

1 entry.

- ▸Information
- ▸System
- ▸Layer 2
- ▾Layer 3 (IPv4)
  - ▸Configuration
  - ▸Subnets
  - ▸**NAT**

图 7-33 动态 NAT 配置

说明:

(1)内部全局地址(Inside Global Address):显示地址动态分配过程的起始地址,外部网络可从该地址处访问设备。

(2)内部本地地址掩码(Inside Local Address Mask):显示外部子网的地址掩码。

(3)具体操作过程读者可参考静态 NAT 配置过程自行练习。

7.3.2 NAPT

由于 NAT 实现的是私有 IP 和公共 IP 之间的转换,因此,私有网络中同时与公共网络进行通信的主机数量就要受到公共 IP 地址数量的限制。为了克服这种限制,NAT 被进一步扩展到在进行 IP 地址转换的同时进行 Port 的转换,这就是网络地址端口转换(Network Address Port Translation,NAPT)技术,也称为端口多路复用(Port Address Translation,PAT)技术。该技术的应用能够使内部网络的所有主机共享一个合法外部 IP 地址,实现对 Internet 的访问,从而可以最大限度地节约 IP 地址资源。同时,又可隐藏网络内部的所有主机,有效避免来自 Internet 的攻击。

NAPT 可将多个内部地址映射为一个合法公网地址,但以不同的协议端口号与不同的内部地址相对应,也就是<内部地址+内部端口>与<外部地址+外部端口>之间的转换。NAPT 普遍用于接入设备中,它可以将中小型的网络隐藏在一个合法的 IP 地址后面。

NAPT 的主要优势在于,能够使用一个全局有效 IP 地址获得通用性。它的主要缺点在于其通信协议仅限于 TCP 或 UDP。当所有通信协议都采用 TCP 或 UDP 时，NAPT 允许一台内部计算机访问多台外部计算机，并允许多台内部主机访问同一台外部计算机，相互之间不会发生冲突。

NAPT 可以使用地址池中的 IP 地址，也可以直接使用接口的 IP 地址。一般情况下，一个地址就可以满足一个网络的地址转换需要，一个地址最多可以提供 64 512 个 NAT 地址转换。如果地址不够，地址池可以多定义几个地址。具体操作过程与 NAT 的配置基本相同，不同之处是在 NAT 配置页签中选择"NAPT"复选框，然后单击"Set Values"按钮，如图 7-34 所示。

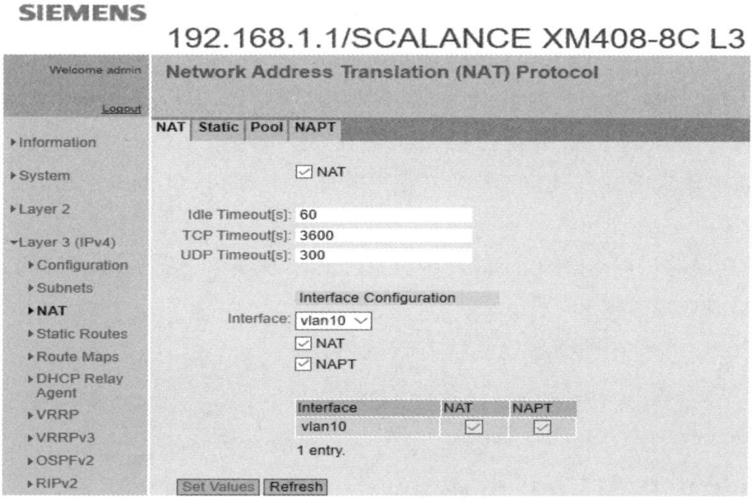

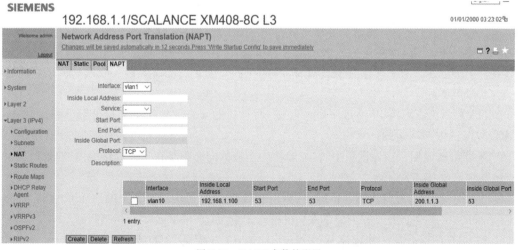

图 7-34　NAPT 基本配置

在"NAPT"页签中进行相关参数的基本配置：接口选择组态为 NAPT 的接口（vlan10），内部本地地址（192.168.1.100），服务类型（DNS），开始端口、结束端口以及内部全局端口均为 53，协议（TCP），单击"Create"按钮，结果如图 7-35 所示。

图 7-35　NAPT 参数的配置

说明：

（1）接口（Interface）：从下拉列表中选择您希望为其创建更多 NAT 组态的 NAT 接口。

（2）内部本地地址（Inside Local Address）：输入外部可访问的设备的实际地址。

（3）服务（Service）：选择端口转换有效的服务。选择服务时，在"起始端口"（Start Port）和"结束端口"（End Port）框中输入同一端口。如果更改起始端口，结束端口也会相应地发生变化。如果选择条目"-"，则可以随意输入起始端口和结束端口。

（4）起始端口（Start Port）：输入一个内部本地端口。

（5）结束端口（End Port）：根据在"服务"（Service）下拉列表中的选择，可输入一个内部本地端口或显示端口。如果在"起始端口"（Start Port）和"结束端口"（End Port）框中输入的端口不同，则需要在"内部全局端口"（Inside Global Port）中输入相同的端口范围。端口范围必须相同才能相互转换。如果在"起始端口"（Start Port）和"结束端口"（End Port）框中输入的端口相同，则可以在"内部全局端口"（Inside Global Port）中输入任意端口。

（6）内部全局端口（Inside Global Port）：根据在"服务"（Service）下拉列表中的选择，可输入一个端口或显示端口。

（7）协议（Protocol）：选择端口转换有效的协议。

（8）说明（Description）：输入端口转换的说明。

其他步骤过程与 NAT 配置雷同。

7.3.3　NAT 与 NAPT 的比较

1.功能不同

当在专用网络内部的一些主机本来已经分配到了本地 IP 地址（仅在本地专用网络内使用的专用地址），但现在又想和互联网上的主机通信（并不需要加密）时，可使用 NAT 方法。

NAPT 即网络端口地址转换，使用一个合法公网地址，以不同的协议端口号与不同的内部地址相对应，也就是<内部地址+内部端口>与<外部地址+外部端口>之间的转换，一般应用于企业只有一个公网 IP 但是有多个业务系统需要被互联网访问的场合。

2.作用不同

NAT 不仅能解决 IP 地址不足的问题，而且还能够有效地避免来自外部网络的攻击，隐藏并保护内部网络的计算机。

NAPT 普遍用于接入设备中，它可以将中小型的网络隐藏在一个合法的 IP 地址后面。

3.内部链接不同

NAPT 与动态地址 NAT 不同，它将内部连接映射到外部网络中的一个单独的 IP 地址上，同时在该地址上加一个由 NAT 设备选定的 TCP 端口号。

NAPT 算得上是一种较流行的 NAT 变体，通过转换 TCP 或 UDP 协议端口号以及地址来提供并发性。除了源 IP 地址和目的 IP 地址以外，还包括源协议端口号和目的协议端口号，以及 NAT 盒使用的一个协议端口号。

7.4　　VPN

虚拟专用网络(VPN)的功能是,在公用网络上建立专用网络,进行加密通信。在企业网络中有广泛应用。VPN 网关通过对数据包的加密和数据包目标地址的转换实现远程访问。VPN 可通过服务器、硬件、软件等多种方式实现。

1.VPN 的工作原理

(1)通常情况下,VPN 网关采取双网卡结构,外网卡使用公网 IP 接入 Internet。

(2)网络一(假定为公网 Internet)的终端 A 访问网络二(假定为公司内网)的终端 B,其发出的访问数据包的目标地址为终端 B 的内部 IP 地址。

(3)网络一的 VPN 网关在接收终端 A 发出的访问数据包时,对其目标地址进行检查,如果目标地址属于网络二的地址,则将该数据包进行封装,封装的方式根据所采用的 VPN 技术不同而不同,同时 VPN 网关会构造一个新 VPN 数据包,并将封装后的原数据包作为 VPN 数据包的负载,VPN 数据包的目标地址为网络二的 VPN 网关的外部地址。

(4)网络一的 VPN 网关将 VPN 数据包发送到 Internet,由于 VPN 数据包的目标地址是网络二的 VPN 网关的外部地址,因此该数据包将被 Internet 中的路由正确地发送到网络二的 VPN 网关。

(5)网络二的 VPN 网关对接收到的数据包进行检查,如果发现该数据包是从网络一的 VPN 网关发出的,即可判定该数据包为 VPN 数据包,并对该数据包进行解包处理。解包的过程主要是先将 VPN 数据包的包头剥离,再将数据包反向处理还原成原始的数据包。

(6)网络二的 VPN 网关将还原后的原始数据包发送至目标终端 B,由于原始数据包的目标地址是终端 B 的 IP,因此该数据包能够被正确地发送到终端 B。在终端 B 看来,它收到的数据包就和从终端 A 直接发过来的一样。

(7)从终端 B 返回终端 A 的数据包的处理过程和上述过程一样,这样两个网络内的终端就可以相互通信了。

通过上述说明可以发现,在 VPN 网关对数据包进行处理时,有两个参数对于 VPN 通信十分重要:原始数据包的目标地址(VPN 目标地址)和远程 VPN 网关地址。根据 VPN 目标地址,VPN 网关能够判断对哪些数据包进行 VPN 处理,对于不需要处理的数据包通常情况下可直接转发到上级路由;远程 VPN 网关地址则指定了处理后的 VPN 数据包发送的目标地址,即 VPN 隧道的另一端 VPN 网关地址。由于网络通信是双向的,在进行 VPN 通信时,隧道两端的 VPN 网关都必须知道 VPN 目标地址和与此对应的 VPN 网关地址。

2.VPN 的基本处理过程

(1)要保护主机发送信息到其他 VPN 设备。

(2)VPN 设备根据网络管理员设置的规则,确定是对数据进行加密还是直接传输。

（3）对需要加密的数据，VPN 设备将其整个数据包（包括要传输的数据、源 IP 地址和目的 IP 地址）进行加密并附上数据签名，加上新的数据报头（包括目的地 VPN 设备需要的安全信息和一些初始化参数）重新封装。

（4）将封装后的数据包通过隧道在公共网络上传输。

（5）数据包到达目的 VPN 设备后，将其解封，核对数字签名无误后，对数据包解密。

3.VPN 的优点

（1）VPN 能够让移动员工、远程员工、商务合作伙伴和其他人利用本地可用的高速宽带网连接（如 DSL、有线电视或者 Wi-Fi 网络）连接到企业网络。此外，高速宽带网连接提供一种成本效率高的连接远程办公室的方法。

（2）设计良好的宽带 VPN 是模块化的和可升级的。VPN 能够让应用者使用一种很容易设置的互联网基础设施，让新的用户迅速和轻松地添加这个网络。这种能力意味着企业不用增加额外的基础设施就可以提供大量的容量和应用。

（3）VPN 能提供高水平的安全，使用高级的加密和身份识别协议保护数据避免受到窥探，阻止数据窃贼和其他非授权用户接触这种数据。

（4）完全控制，虚拟专用网使用用户可以利用 ISP 的设施和服务，同时又完全掌握着自己网络的控制权。用户只利用 ISP 提供的网络资源，对于其他的安全设置、网络管理变化可由自己管理。在企业内部也可以自己建立虚拟专用网。

4.VPN 的缺点

（1）企业不能直接控制基于互联网的 VPN 的可靠性和性能。机构必须依靠提供 VPN 的互联网服务提供商保证服务的运行。这个因素使企业与互联网服务提供商签署一个服务级协议非常重要，因此要签署一个保证各种性能指标的协议。

（2）企业创建和部署 VPN 线路并不容易。这种技术需要高水平地理解网络和安全问题，需要认真的规划和配置。因此，应选择互联网服务提供商负责运行 VPN 的大多数问题。

（3）不同厂商的 VPN 产品和解决方案不兼容。一方面，许多厂商不愿意或者不能遵守 VPN 技术标准。因此，混合使用不同厂商的产品可能会出现技术问题。另一方面，使用一家供应商的设备可能会提高成本。

（4）当使用无线设备时，VPN 有安全风险。在接入点之间漫游特别容易出问题。当用户在接入点之间漫游的时候，任何使用高级加密技术的解决方案都可能被攻破。

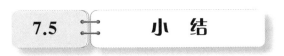

7.5　小　结

本章以工业网络安全为主线，首先对工业网络安全进行了简单的概念性介绍，使读者对工业网络安全有了初步的了解；接着从防火墙的概念、功能等角度入手对防火墙进行详细的介绍，并对防火墙的局限性进行说明，为后续读者的自主学习以及研发奠定基础；然后介绍了 NAT/NAPT 技术；最后介绍了 VPN 技术，更多地了解能够对网络的可靠性提升的技术。

练习题

1.NAT 的实现方式有三种,分别是(　　)、(　　)和(　　)。

2.简述 VPN 的优点。

3.简述为了有效地进行防范和控制,可以使用的措施有哪些。

4.简述防火墙的主要功能。

5.简述 NAT 的基本工作原理。

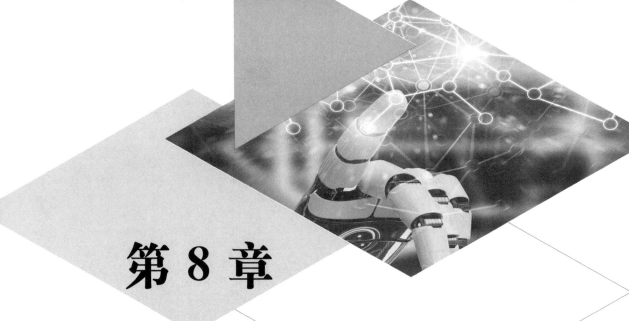

第8章

工业网络应用实例

8.1 工程背景介绍

　　工程实例来自某工厂的实际厂区布局和生产管理需要,为了满足生产与管理的需求,将厂区划分为生产区域、监控中心区域和生产管理区域三部分。厂区布局需要满足功能分区的要求,产区将生产管理区、控制中心、工艺单元之间分别相隔 50 米和 200 米,以实现物理隔离。物理隔离可以有效避免工艺单元出现大的安全故障和对控制中心的人员造成危险,又可以及时发现安全故障,并对其立即采取相应的安全措施,另外还便于现场设备的检修和维护,工厂布置如图 8-1 所示。

　　生产区域负责厂内的全部生产工作,主要营业收入也来源与此,它也是控制要求最高的区域。生产区域由产线 A 和产线 B 构成,每条产线的生产工艺的控制要求不尽相同。产线 A 中包含 4 个生产工艺,每个生产工艺需要 2 个 PLC 共同完成控制;产线 B 中包含 6 个生产工艺,其中生产工艺 1～4 各需要 2 个 PLC 共同完成控制,生产工艺 5～6 各需要 1 个 PLC 完成控制。工厂管理层预计将继续增加投资扩大再生产,计划建造产线 C 及更多的生产线。

　　监控中心负责监控和协调产线 A 和产线 B 的生产工作,其主要由工程师站、操作员站、实时数据库和历史数据库构成,在监控中心工作人员可以通过操作员站远程监视生产和网络的运行状态。

　　生产管理区域负责宏观管理生产、库存、半成品、订单和出入库等日常基本生产、销售、管理,生产管理区域中安装有生产管理系统,与控制中心进行通信。

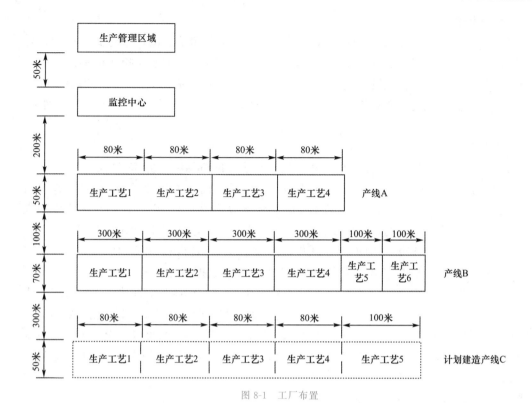

图 8-1　工厂布置

　　工厂的布局为典型的企业综合自动化控制系统,集成 FCS 现场控制级、PCS 过程控制级和 MES 生产管理级网络,可运用同构网络技术一网到底,在减少建设投入和维护投入的同时也可实现网络的一致开放性。

　　根据用户提出的系统需求,详细分析用户需求以及对需求给出相应的对策,以明确工程系统设计的方向与要求。

8.2.1　通信协议需求

1.需求描述

　　工程需要充分考虑数据通信带宽,并尽量减少布线的成本,工程需要同时具备有线通信与无线通信两种通信协议。

2.需求分析

　　通信协议的选择包括通信介质和通信协议两部分,我们分别从通信介质与通信协议两方面进行分析与选择。

（1）通信介质

根据用户需求方案设计，可采用有线通信和无线通信相结合的网络形式。考虑传输距离和传输可靠性，有线连接采用 1 000 MB/s 多模光纤通信，用于交换机间的级联和交换机到路由器间的点到点链路上。拓展方案中为了使系统具有更高的自愈性和减少现场布线的工作量，在控制中心和工艺单元间采用环间冗余构成有线与无线互为冗余的网络，环内通信为有线通信。

（2）通信协议

PROFIBUS 与 PROFINET 都可作为现场级通信网络的解决方案，PROFIBUS 基于 RS485 串行总线，PROFINET 基于工业以太网，两者都使用了精简的堆栈结构，都具有很高的实时性。对于 PROFINET 来说，基于标准以太网的任何开发都可直接应用在 PROFINET 网络中。因为基于以太网解决方案的开发者远远多于 PROFIBUS 开发者，所以 PROFINET 具有更多的资源。从性能上来看，PROFINET 相较 PROFIBUS 有更高的数据传输带宽，更高字节的用户数据，PROFIBUS 数据传输方式为半双工，使用铜和光纤作为通信介质，组态和诊断需要专门的接口模板，而 PROFINET 传输为全双工，无线可用于额外的介质，可使用标准以太网卡进行组态和诊断。PROFINET 包括实时以太网、运动控制、分布式自动化、故障安全以及网络安全等热点问题，可以完全兼顾工业以太网和现有的现场总线（如 PROFIBUS）技术，保护现有投资。因此综合考虑，本方案设计采用 PROFINET 总线标准。

8.2.2 网络规划

1.需求描述

工程需要充分考虑网络中设备的拓扑结构，使参与生产工艺控制的设备可在子网内通信，以提升通信的速度与效率。

2.需求分析

项目中生产管理区域、监控中心、产线 A 和产线 B 需要进行信息交互，考虑整体系统 IP 规划。IP 规划就是在统一管理下进行地址分配，保证每个地址对应一台设备。各个设备由于它们所传送数据的基本单元格式的不同而不能互通，最终通过一定的技术手段实现信息交互。根据子网掩码位数的不同，IP 地址可分为网络号和主机号两部分。按类别可分为 A、B、C、D、E 五大类。

项目中主要采用 C 类地址，对所有设备进行 IP 地址规划，同时保证有多余的 IP 地址以支持设备扩展。设备及 IP 地址规划见表 8-1。

8.2.3 网络冗余

1.用户需求

工程需要充分考虑网络的冗余度及自愈性，以提高网络的可用性和可靠性。

2.需求分析

项目需要充分考虑工厂网络的冗余度及自愈性，使用网络冗余技术。网络冗余是工业网络的一项保障策略，其目的是减少意外中断，在一条路径出现故障的时候，另外一条路径能够保证通信畅通。提高整个系统的平均无故障时间(MTBF),缩短平均故障修复时间(MTTR)。

　　网络拓扑采用环形拓扑结构,产线 A 的 4 个生产单元和产线 B 的 6 个生产单元(冗余客户端)和三层交换机(冗余管理器)组成闭合回路,既提高了工厂网络的冗余度和自愈性,又减少了生产单元对控制中心的依赖性。为保证传输效果,抑制干扰,可采用光纤传输。为增强设备的可扩展性,可以采用跨接的方式连接各交换机。

表 8-1　　　　　　　　　　　　　设备及 IP 地址规划

序号	设备所述区域			设备名称	IP 地址
1	区域	产线	工艺		
2	监控中心			三层交换机	192.168.0.2
3	生产管理区域	产线 A		三层交换机	192.168.0.3
4	生产管理区域	产线 A	工艺 1	二层交换机	192.168.0.10
5	生产管理区域	产线 A	工艺 2	二层交换机	192.168.0.11
6	生产管理区域	产线 A	工艺 3	二层交换机	192.168.0.12
7	生产管理区域	产线 A	工艺 4	二层交换机	192.168.0.13
8	生产管理区域	产线 B		三层交换机	192.168.0.4
9	生产管理区域	产线 B	工艺 1	二层交换机	192.168.0.50
10	生产管理区域	产线 B	工艺 2	二层交换机	192.168.0.51
11	生产管理区域	产线 B	工艺 3	二层交换机	192.168.0.52
12	生产管理区域	产线 B	工艺 4	二层交换机	192.168.0.53
13	生产管理区域	产线 B	工艺 5	二层交换机	192.168.0.54
14	生产管理区域	产线 B	工艺 6	二层交换机	192.168.0.55
15	控制中心			二层交换机	192.168.0.101
16	无线接入点				192.168.0.102
17	无线客户端 1				192.168.0.103
18	无线客户端 2				192.168.0.104
19	安全模块 S615				192.168.0.110 — 192.168.0.119
20	扩展三层交换机				192.168.0.120 — 192.168.0.129
21	扩展二层交换机				192.168.0.130 — 192.168.0.139

　　传统生成树协议 STP 以及快速生成树协议 RSTP 的自愈时间分别在 50 s 和 2 s 左右,无法满足工业控制网络对实时性的要求,环网冗余技术将大大降低自愈时间。HRP 高速冗余协议是适用于环型拓扑网络的一种冗余。交换机通过环网端口互连,其中一台

交换机组态为冗余管理器,其他交换机为冗余客户端,环网中断后重新组态时间最长为0.3 s,因此综合考虑采用 HRP 协议。

8.2.4 安全性需求

1.需求描述

考虑工业信息安全因素,如工厂生产控制层网络与生产管理层网络的安全隔离手段,保护生产控制层网络中 PLC、工程师站等设备不被恶意攻击,应保证内、外网隔离。

2.需求分析

为了保证工程的安全性,项目组利用防火墙、VLAN 和 VPN 技术共同保证项目的信息安全性。

（1）防火墙

当生产管理层网络要接入生产控制网络时,为了保证现场生产控制不受影响,保护其信息安全,需要使用一定的技术手段来隔离工厂生产网络和管理层网络,来限制管理层网络访问控制网络的权限,同时保护网络和工作站免受第三方的影响与干扰。

利用防火墙技术作为工厂生产控制层网络与生产管理层网络的安全隔离手段,保护生产控制层网络中的 PLC、工程师站等设备不被恶意攻击,应做到内、外网隔离。防火墙是一个建立在内、外网边界上的过滤、封锁机制,是安全网络的第一层防护,用来防止不希望或未经授权通信进出被保护的内部网络,通过边界控制强化内部网络的安全策略。防火墙对流经它的网络通信进行扫描,能够过滤掉一些攻击,以免其在目标主机上被执行。

项目组计划在管理层网络和控制层网络之间配置安全模块 S615,通过启用安全模块的防火墙功能实现管理层网络和控制层网络的安全隔离。通过设置相应的 IP Rules 进行 IP 过滤,实现内部网络可访问外部网络,外部网络只有特定的主机可访问内部网络。

考虑非法者的 IP 伪装等不安全操作,防火墙单一的防护并不能完全满足安全需求。在 IP 地址认证的基础上,增添密码和口令等多层次认证,采用多层防护的措施可大幅度提高安全性,更好地满足了安全性能。

（2）VLAN

每个工艺单元与监控中心均需要建立 PROFINET 通信,以实现集中控制。监控中心有高度的控制权,保证整个生产过程得以调度。项目将物理网络划分成若干个相互屏蔽的逻辑网络(VLAN)。数据交换甚至广播传输只在一个 VLAN 内发生,有相同 VLAN 上的节点才能彼此寻址,故将所有需要协同工作的工艺单元放在同一个 VLAN 下。

（3）VPN

远程维护可以解决以往必须维护工程师亲临现场才能解决的问题。为实现高效率、低成本的远程服务方式,远程维护工作站和和控制中心之间需要建立安全可靠的连接,来保证数据传输的安全性和完整性。维护工程师可以在内网和外网之间建立一条安全稳定的"隧道",来进行远程访问,通过一定的软件平台来实现 VPN 管理,使用 PROFINET Security Client 软件作为 VPN Client,使用 S615 作为 VPN Server,实现远程控制、远程维护功能。

3.诊断功能

（1）诊断功能用户需求

在监控中心工作人员可通过操作员站监视工厂网络的运行状态,及时发现网络故障;控制中心的操作员站可监视工厂网络的运行、状态,及时发现网络故障,为在线工序质量控制提供可靠保证。

（2）诊断功能需求分析

针对上述需求,项目采用可靠的 PROFINET 控制和完善的诊断方式,总线一旦出现故障,PLC 将进行保护输出,以保证操作人员和整个系统的安全。PROFINET 已集成PROFI Safe 行规,实现了 IEC61508 中规定的 SIL3 等级的故障安全,保证系统在故障后可自动恢复到安全状态。通过 PROFINET 诊断手段,在用户程序中快速获取总线诊断状态,当出现总线故障时,PLC 及时停止输出或进行保护性输出,并在任何与该 PLC 连接的 HMI 或上位机上显示总线的实时状态,方便用户查看故障。

PROFINET 有以下几种主要的诊断方法:

• IO 设备/控制器上的 LED 灯指示诊断。

• STEP7 在线诊断工具。

• 用户程序诊断:通过诊断工具诊断(西门子基于 RSE 的支持诊断维护工具Maintenance Station)。

• 标准工具诊断(Web 诊断、通过 SNMP 在 HMI 上诊断等)。

8.2.5 网络可扩展性

1.用户需求

在工程的建设过程中,应充分考虑今后产线 A 和产线 B 内部工艺增加的情况,也应充分考虑工厂扩大再生产增加产线的情况。

2.需求分析

为了适应今后厂区的生产工艺、生产线的不可预知的变更,项目组在设计中应充分考虑 IP 预留、VLAN 预留、网线长度预留和交换机网口预留等多种设计理念,可满足工厂扩容、扩产后无须大幅度变更网络设备的要求

3.系统设计

项目为保证工业系统的可靠运行,需要将网络划分为控制网和管理网两部分,以实现从管理层到现场层的无缝全集成,其系统网络分层结构如图 8-2 所示。

管理网用于工厂的上层管理,为工厂提供生产、经营、管理等数据,通过信息化的方式优化工厂的资源,提高工厂的管理水平。

监控中心通信网络在管理区和生产区之间。主要解决车间内各个需要协调工作的不同工艺段之间的通信,从通信需求角度看,要求通信网络能够高速传递大量信息数据和少量控制数据,同时具有较强的实时性。

控制网网络处于工业网络系统的最底层,直接连接现场的各种设备,包括 I/O 设备、传感器、变送器、变频与驱动等装置。由于生产工艺单元网络直接连接现场的设备,网络上主要传递的是控制信号,因此对网络的确定性和实时性有很高的要求。

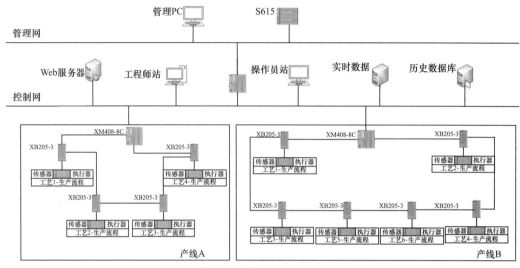

图 8-2　系统网络分层结构

8.2.6　通信协议的选择

工厂需要考虑工程的传输距离和可靠性,因此有线连接采用 1 000 MB/s 多模光纤通信,用于交换机间的级联和交换机到路由器间的点到点链路上。拓展方案中为了使系统具有更高的自愈性和减少现场布线的工作量,在控制中心和工艺单元间采用环间冗余构成有线与无线互为冗余的网络,环内通信为有线通信。

PROFIBUS 与 PROFINET 都可作为现场级通信网络的解决方案,PROFIBUS 基于 RS485 串行总线,PROFINET 基于工业以太网,两者都使用了精简的堆栈结构,都具有很高的实时性。对于 PROFINET 来说,基于标准以太网的任何开发都可直接应用在 PROFINET 网络中,同时世界上基于以太网解决方案的开发者远远多于 PROFIBUS 开发者,因此 PROFINET 具有更多的资源。从性能上来看,PROFINET 相较 PROFIBUS 有更高的数据传输带宽,更高字节的用户数据,PROFIBUS 数据传输方式为半双工,使用铜和光纤作为通信介质,组态和诊断需要专门的接口模板,而 PROFINET 传输为全双工,无线可用于额外的介质,可使用标准以太网卡进行组态和诊断。PROFINET 包括实时以太网、运动控制、分布式自动化、故障安全以及网络安全等热点问题,并且作为跨供应商技术,可以完全兼顾工业以太网和现有的现场总线(如 PROFIBUS)技术,保护现有投资。因此综合考虑,本方案设计采用 PROFINET 总线标准。

8.2.7　网络拓扑结构设计

为满足系统的有效、高速、安全通信,并充分考虑成本敏感性,系统采取星型网和环网相结合、有线通信与无线通信相结合的方式构建,系统网络拓扑结构如图 8-3 所示。

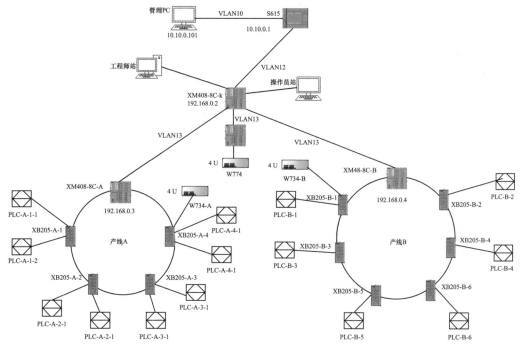

图 8-3 系统网络拓扑结构

1.生产管理区

生产管理区中安装有生产管理系统,能够与控制中心进行双向通信。为保证不同网络层管理与控制的方便性和安全性以及整体网络运行的稳定性,把生产管理区单独划分成一个 VLAN,通过路由功能使生产管理区与控制中心进行双向通信。

由于需要考虑信息安全因素,保护生产控制层网络中 PLC、工程师站等设备不被恶意攻击,需要将控制中心网络与生产管理层网络实现安全隔离,利用防火墙技术可以实现该要求。

安全模块可以有效地保护网络,防止从内部和外部产生的威胁,通过加密的方式阻止数据的监听和篡改。其防火墙技术可以有效地防止无用的数据流量、未经授权的设备进入系统单元。安全模块具有路由功能,在小型网络中不需要使用专用的路由器就能实现路由通信。

2.监控中心

监控中心的网络实现主要采用的是基于 VLAN 的虚拟局域网技术。控制中心包含工程师站、操作员站和 PLC,三者之间要进行频繁的通信,故把三者接在 XM408 的同一个 VLAN 下,以降低网络负荷。工程师站需要对控制工程项目进行编辑修改、下载上传、采集存储,操作员站需要对生产单元进行监控数据归类、报警信息提醒等,控制中心 PLC 能协调各工艺单元的生产。控制中心的工程师站、操作员站以及控制中心 PLC 均放在控制中心交换机划分的 VLAN103 下。

3.产线 A

产线 A 共有 4 个工艺单元,每个工艺单元主要包含 2 个 PLC 和 1 台二层交换机。在工艺单元 PLC 与控制中心 PLC 进行通信时,工艺单元 3、4 相对于工艺单元 1、2 有更高的实时性要求,可通过修改 PROFINET 的刷新时间实现。不同工艺单元通过 VLAN 接入高速冗余环网,工艺单元和控制中心之间的交换机通过 Trunk 连接。

充分考虑工艺单元网络的冗余度及自愈性后,采用环形跨接的拓扑结构进行连接。环形工业以太网技术是基于以太网发展起来的,继承了以太网速度快、成本低的优点,同时为网络上的数据传输提供了一条冗余链路,提高了网络的可用性。HRP 高速冗余协议是适用于环形拓扑网络的一种冗余,环中断后重新组态时间最长为 0.3 s,因此采用 HRP 协议具有更快的自愈时间。

将交换机的冗余环口依次进行连接,即构成了环形网络结构,其中一台交换机作为冗余管理器 RM,其余设备作为冗余客户端。冗余管理器 RM 会监控网络状态,当网络中连接线意外断开或交换机发生故障时,它会通过一个替代的路径恢复正常通信。

4. 产线 B

产线 B 共有 6 个工艺单元,每个工艺单元主要包含 1 个 PLC 和 1 台二层交换机。由于 6 个工艺单元按直线排列,前 4 道工艺单元占地长 300 m、宽 50 m,后 2 道工艺单元分别占地长为 100 m,宽为 50 m,总长为 1 400 m,如果采用相邻工艺单元直连的方式,最后一个工艺单元的连线长达 1 400 m。由于多模光纤在传输距离上具有局限性,为了尽可能地减少两个二层交换机之间的连线长度,因此采用跨接的方式来完成多设备、长距离的连接。工艺单元的连接顺序应为 1-3-5-6-4-2-1。这样连接线缆的最大长度为 600 m,避免了长距离传输的干扰,保证传递信号的质量。

充分考虑工艺单元网络的冗余度及自愈性后,采用环形跨接的拓扑结构进行连接。环形工业以太网技术是基于以太网发展起来的,继承了以太网速度快、成本低的优点,同时为网络上的数据传输提供了一条冗余链路,提高了网络的可用性。HRP 高速冗余协议是使用与环形拓扑网络的一种冗余,环中断后重新组态时间最长为 0.3 s,因此采用 HRP 协议具有更快的自愈时间。

将交换机的冗余环口依次进行连接,即构成了环形网络结构,其中一台交换机作为冗余管理器 RM,其余设备作为冗余客户端。冗余管理器 RM 会监控网络状态,当网络中连接线意外断开或交换机发生故障时,它会通过一个替代的路径恢复正常通信。

8.2.8 信息安全策略设计

为了实现工厂的信息安全,项目组除采取防火墙技术、VPN 技术、无线通信安全技术和权限控制等主流技术手段外,还采取了安全管理机制确保工业网络的安全性,具体措施如下:

1. 防火墙技术

应用状态检测技术,可以在网络正常连接状态下,对存在安全风险的信息进行检测并拦截,且能够对同一连接的数据以及在其基础上建立的连接状态表进行甄别。状态检测技术在实际应用中具有更大的灵活性与安全性,且适用于大部分网络环境,现在已经得到了广泛的应用。但是如果选择应用此技术,同样需要注意的是,其在信息记录和检测过程中,会在一定程度上影响网络的稳定性,延迟网络信息的传输,降低网络使用效率。

通过对 IP 地址的注册,来实现对数据信息的有效保护,提高网络通信安全性。网络用户应提前对计算机服务器的 IP 地址进行注册,在需要对外部网络进行访问时,系统可以自动将外部网络地址映射过来并有效连接,可以有效避免内部地址被外部不法分子截获。同时,如果外部网络需要申请计算机内部网络访问时,系统也可以提供开放 IP 地址使其正常访问。此种隔离措施在实际应用中,具有简单且安全的特点,被广泛应用到网络通信中。

访问控制列表(Access Control List)常用来根据事先设定的访问控制规则,过滤某些特定 MAC 地址、IP 地址、协议类型、服务类型的数据包,合法的允许通过,不合法的阻截并丢弃。与其他防火墙技术相比,利用过滤功能的路由器效率更高,效果更佳,可以有效保证通信安全。但是包过滤防火技术在实际应用中,对数据地址依赖性比较强,并且对地址辨别效果十分有限,部分情况下会因审查标准差异,将已被授权的有效信息拦截在防火墙外面,在一定程度上影响通信信息整体保护效果。

2.VPN 技术

VPN(Virtual Private Network)是指虚拟专用网络。目前 VPN 主要采用 4 项技术来保证通信安全,即隧道技术、加解密技术、密钥管理技术、使用者与设备身份认证技术。VPN 隧道技术为主要采用的技术,其功能是在公用网络上建立专用网络,进行加密通信。VPN 网关通过对数据包的加密和数据包目标地址的转换实现远程访问,并可通过服务器、硬件、软件等多种方式实现,具有广泛的应用前景。在工业信息安全领域,VPN 能够提供远程的对生产网络中控制系统的维护,提供安全加密传输。

3.无线通信安全

除了无线网络安全措施外,还可以在无线通信中使用扩展频谱技术。这样,信号可以跨越很宽的频段,数据基带信号的频谱被扩展至几倍甚至几十倍,虽然牺牲了频带带宽,但是功率密度随频谱扩宽而降低,甚至可以将通信信号淹没在自然背景噪声中,同时也可以加载一些虚假信息进去,很好地保证通信的保密性。

4.访问权限控制

根据用户的身份等信息决定用户的访问权限,如严格控制哪些用户可以访问网络系统,用户可以访问系统的哪些资源。通过设置口令、网络监视等措施让经过认可的、合法的用户访问。

5.安全管理机制

常见安全管理技术包括制定生产安全标准、应用分布控制系统 DCS(对相关装置的温度、流量、转速等数据进行显示和控制,并能够对其相关数据进行远程显示,从而对生产安全运行提供保障)、应用消防给水系统、设置干粉灭火系统、移动式灭火器材以及泡沫灭火系统等,以此对出现的初期火灾实施有效控制,确保工厂生产安全和人员安全。同时工厂也需要采取相关措施实现安全教育、经验分享、专家论证、安全检查、HSE 会议(现场安全会议)等的常态化,贯彻"安全第一"的主题,切实抓好安全工作。

8.2.9　扩展性设计

工厂由于生产规模的扩大需要变动网络结构,具体如下:

1.单个工艺单元的扩张

在不扩增工艺单元数量的基础上,增加工艺单元生产线的长度,需要考虑多模光纤通信距离,采用的 1 000 MB/s 的多模光纤通信支持的传输距离为 750 m,在原方案设计中采用了 1-3-5-6-4-2-1 的跨接方式,每根光纤的最大连接长度为 600 m,仍留有足够的富余量,满足生产线长度增加的技术要求。在这种情况下,网络结构无须变动。每个二层交换机的 8 个以太网端口仅使用了 3 个,当需要增加每个工艺单元 PLC 等设备数量时,仍然有足够的端口进行扩展。

2.工艺单元数量的增加

工艺单元由原先的 6 个增加为更多工艺单元,需要增加更多的 VLAN,生产线长度会变得更长。各个交换机的冗余端口连接成高速冗余环网,HRP 高速冗余协议可支持50 个交换机之间的快速通信。现有的工艺单元仅有 6 个,还有很大的富余量,即便增加工艺单元的数量,按照跨接的方式,仍然可以具有较高的冗余度及自愈性。

3.增加产线

工厂只有产线 A 和产线 B 两条,控制中心的三层交换机共有 16 个网口,目前只用了6 个,新增产线可以直接连接在控制中心预留的 10 个通信网口上,无须调整网络拓扑结构即可实现增加产线数量的要求。

4.环间冗余

当控制中心与工艺单元的设备或线缆发生故障时,为了实现快速恢复,保证正常的网络通信和设备的安全生产运行以确保网络的自愈性,可采用环间冗余构成有线与无线互为冗余的网络,只要在控制中心添加一个具有 Standby Slave 功能的设备即可实现(此处采用 XB208),同时也提高了控制中心端口的可扩展性。采用有线与无线构成环间冗余网络,不但减少了现场铺线的麻烦,还提高了可实施性。但有线与无线切换的时间可能相对较久。因此在生产实时性要求更高的场合,亦可采用有线连接。

8.3　系统实施

8.3.1　设备选型

设备选型方面,在满足甲方技术要求与网络安全性的基础上应尽量降低设备的成本。如在光纤冗余环网设备的选型上,若使用不含光纤网口的 XB208,需要增加转换器进而增加故障点和维护成本;若选用 XM408-8C,则"大材小用"大幅度增加设备成本。项目组多次调研现有设备后选了含有光纤端口的 XB205-3,该设备的各项功能均满足要求,安装维护方便且成本相对较低。总的来说,所选用的型号以及数量都达到系统性能与成本的平衡,设备汇总见表8-2。

表 8-2　　　　　　　　　　　　　　设备汇总

序号	设备型号	订货单	数量	功能
1	三层交换机 SCALANCE XM408-8C	6GK5408-8GR00-2AM2	3	光纤端口、冗余管理、VLAN 功能、路由功能
2	二层交换机 SCALANCE XB205-3	6GK5205-3BB00-2AB2	10	冗余客户端、光纤端口、VLAN
3	二层交换机 SCALANCE XB208	6GK5208-0BA00-2AB2	1	冗余功能、VLAN
4	无线模块 SCALANCE W774	6GK5774-1FXOO-OAAO	1	无线通信
5	无线模块 SCALANCE W734	6GK5734-1FXOO-OAAO	2	无线通信
6	防火墙 SCALANCE S615	6GK56l5-0AA00-2AA2	1	VPN、防火墙、数据传输加密
7	无线天线 ANT795-4MA	6GK5795-6MPOO-OAAO	3	2.415 GHz、IP30、全向天线、3/SdB

8.3.2　实施过程

1.工艺单元网络组态

(1)配置 XB408

在 Ring 选项卡下:设置"Ring Ports"为 P0.1 和 P0.5,设置"Ring Redundancy Mode"为 HRP Manager,选中"Ring Redundancy"复选框,启动冗余功能。

在 General 选项卡下:创建 VLAN11,设置端口 P0.1、P0.2、P0.5 为 Trunk(注:P0.2是环间冗余端口,P0.1、P0.5 是环网冗余端口),划分 P0.3 为 VLAN11,接工艺单元。

(2)配置 XB205

在 Ring 选项卡下:设置"Ring Ports"为 P0.1 和 P0.5,设置"Ring Redundancy Mode"为 HRP Client,选中"Ring Redundancy"复选框,启动冗余功能。

在 General 选项卡下:创建 VLAN11,设置端口 P0.1、P0.2、P0.5 为 Trunk,划分 P0.3为 VLAN11,其他单元的交换机配置同上。

注意:P0.3 连接工艺单元 PLC,P0.2 是环间冗余端口,P0.1、P0.5 是环网冗余端口。

(3)AP 组态

WLAN 组态:选择"China,AP"模式,使能 WLAN、5GHz、802.11n,禁用 DFS 和 Outdoor Mode,max.Tx Power 为 18dBm;天线组态:选择"ANT795-4MA";通道配置:选择信道"All Channels";修改 SSID;安全配置:验证方式选择"WPA2-PSK",加密方法 CIPher 选择"AES",设置密钥为 123456。

（4）客户端组态

WLAN 组态：选择"China，Client"模式，使能 WLAN、5GHz、802.11n，禁用 DFS 和 Outdoor Mode，max.Tx Power 为 18dBm；天线组态：选择"ANT795-4MA"；通道配置：选中"Select/Deselect all"复选框；Client 配置：MAC Mode 选择"Automatic"，修改 SSID 号与上述中 SSID 相同，选中"Enabled"。Security 安全配置：验证方式选择"WAP2-PSK"，加密方法 CIPher 选择"AES"，设置密钥为 123456。

2.控制中心网络组态

（1）配置 XB408

在 Ring 选项卡下：设置"Ring Ports"为 P1.4 和 P1.8，设置"Ring Redundancy Mode"为 HRP Manager，选中"Ring Redundancy"复选框，启动冗余功能。

在 Standby 选项卡下：选择 P1.2 作为环间 Standby 端口，设置"Standby Connection Name"为 STBY，选中"Force device to Standby Master"复选框，选中"Standby"复选框，启动 Standby 功能。

注意：单击"SetValues"按钮后，因为还未连接以太网线缆，故障灯 F 为红色属于正常现象。

在 General 选项卡下：创建 VLAN2 和 VLAN11，设置端口 P1.2、P1.4、P1.8 为 Trunk，P1.1 为 VLAN2，P1.5、P1.6、P1.7 为 VLAN11（P1.2 是环间冗余端口；P1.4、P1.8 是环网冗余端口，P1.5、P1.6、P1.7 分别连接工程师站、操作员站、控制中心 PLC，P1.1 接 S615）。

配置静态路由：选中"Routing"复选框，启动路由功能；在"Overview"选项卡下，添加 VLAN2 条目，并设置网关为 192.168.2.1，子网掩码为 255.255.255.0；在"Routes"选项卡下，添加静态路由表。"Destination Network"为 10.10.0.0，"Subnet Mask"为 255.255.255.0，"Gateway"为 10.10.0.1。

（2）配置 XB208

在 Ring 选项卡下：设置"Ring Ports"为 P0.1 和 P0.5，设置"Ring Redundancy Mode"为 HRP Client，选中"Ring Redundancy"复选框，启动冗余功能。

在 Standby 选项卡下：选择 P0.2 作为环间 Standby 端口，设置"Standby Connection Name"为 STBY，选中"Standby"复选框，启动 Standby 功能。

在 General 选项卡下：创建 VLAN11，设置端口 P0.1、P0.2、P0.5 为 Trunk，P0.4 为 VLAN11（注意：P0.2 是环间冗余端口，P0.1、P0.5 是环网冗余端口，P0.4 是测试端口）。

3.安全模块组态

（1）防火墙配置

创建 VLAN2 为内网，VLAN100 为外网；设置内、外网网关；设置静态路由，添加静态路由表；添加 IPrules，启动防火墙。

（2）VPN 配置

创建项目和安全模块；组态 VPN 组；创建远程访问用户；将组态下载到安全模块并

保存 SOFTNET 安全客户端组态；使用 SOFTNET 建立隧道；设置访问权限，输入证书的私钥密码；使用 SINEMA REMOTE CONNECT 管理 VPN，实现远程控制。

4.PROFINET IO 组态

(1)在博途软件中新建项目。

(2)配置 IO 控制器，同时设置 IP 地址。

(3)配置 IO 设备，添加传输区。

(4)将 IO-Controller 和 IO-Device 各自编译、下载并运行。

(5)在 IO 控制器的主程序段和 IO 设置的主程序段中，分别单击"全部监视"按钮。

5.下位控制程序组态

(1)在博途软件中添加 S7-1200 设备及 AQ 信号板。

(2)配置 PROFINET 接口。

(3)添加默认变量表。

(4)添加监控表。

(5)编译、下载、启动 CPU 及转到在线。

6.上位监控画面组态

(1)新建 WinCC 工程项目。

(2)绘制各工艺单元的工作画面。

(3)添加监控变量等。

(4)设置变量，添加命令语言，建立动画连接。

(5)运行监控。

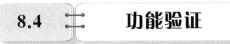

8.4 功能验证

利用 ping 命令可以检查网络是否连通，帮助我们分析和判定网络故障。ping 是对一个网址发送测试数据包，看对方网址是否有响应并统计响应时间，以此测试网络。具体方式是"开始"－"运行"－cmd，在调出的 DOS 窗口下输入 ping 空格＋目标 IP 地址，回车。ping 的过程实际上是 ICMP 协议工作的过程。ICMP 协议是一种面向无连接的协议，用于传输出错报告控制信息，是 TCP/IP 协议族的一个子协议，属于网络层协议，主要用于在主机与路由器之间传递控制信息，包括报告错误、交换受限控制和状态信息等。当遇到 IP 数据无法访问目标、IP 路由器无法按当前的传输速率转发数据包等情况发生时，会自动发送 ICMP 消息。ICMP 协议对于网络安全具有极其重要的意义。

1.冗余功能通信验证

(1)正常通信

正常通信时，控制中心的 XM408 作为 HRP Manager，当 4 号端口为通信端口，8 号端口为备用端口时,XM408 的 RM 指示灯常亮,4 号端口灯快闪,8 号端口灯慢闪,则表示控制中心的环网冗余功能正常工作。

控制中心 XM408 作为 Standby Master,当 2 号端口为环间冗余通信端口时,其 SB 灯闪动并且端口绿色指示灯常亮,表示 2 号端口处于启动状态,环间冗余功能正常工作。

生产单元的 XM408 作为 HRP Manager,其余交换机作为冗余客户端,XM408 的 RM 指示灯常亮,1 号端口指示灯快闪,5 号端口指示灯慢闪,则表示控制中心的环网冗余功能正常工作。

使用控制中心去 ping 生产单元的 PLC 的通信测试方法来测试链路是否通畅,如果可以 ping 通,则通信正常。

(2)故障通信

在控制中心持续 ping 生产单元 1 的 PLC 的 IP 地址,模拟如下通信故障。

①当生产单元的环网冗余链路断开时,XM408 的 RM 灯变为快闪,环网冗余的原通信端口绿色灯熄灭,原备用端口灯常亮。

②当生产单元与控制中心的环间冗余链路断开时,控制中心的 XM408 的 SB 常亮,且作为 Standby Slave 的 XB208 的 F 灯变红,环间冗余的 2 号端口上面绿色灯常亮。

③当控制中心的环网冗余链路断开时,控制中心的 XM408 的 RM 灯变为快闪,环网冗余的原通信端口绿色灯熄灭,原备用端口灯常亮。

④当生产单元的冗余环网出现断路时,正常通信。

⑤当环间冗余出现断路时,由于采用的是有线与无线互为冗余的方式,有线链路切换到无线链路的过程中,经历了一个“请求超时”的时间,如果采用有线连接,则实时性会增强,不会出现“请求超时”。

⑥当控制中心的冗余环网出现断路时,正常通信。

上述实验现象表明,当通信网络通信故障时,网络结构自行更新通信路径,通过冗余协议选择最优的通信路径。

2.防火墙功能测试

(1)控制中心访问生产管理区

用控制中心的任意 PC 去 ping 外网 PC 的 IP 地址 10.10.0.10,是可以连通的。把外网 PC 的 IP 地址改成 10.10.0.11,由于防火墙的功能,不可以连通。

(2)生产管理区访问控制中心

用生产管理区的 PC 去 ping 控制中心 PC 的 IP 地址。如果丢包率为 100%,则表示 PC 发出的 IP 数据包无法到达控制中心 PC。用特定管理区的 PC 去 ping 控制中心的 PC,是可以连通的。修改管理区 PC 为 10.10.0.11,再 ping 控制中心的 PC,丢包率为 100%。若满足以上所有实验结果,即只有特定的管理区 PC 能访问控制中心,则防火墙功能正常。

8.5　小　结

本章节以实际工程现场需求为背景,通过需求分析、系统设计、设备选型、系统实施和验证,展现了工业现场网络搭建的全流程,通过本章使同学们更加清晰地了解理论知识在实践中的应用。

参考文献

[1]王德吉、陈智勇、张建勋,西门子工业网络通信技术详解[M],北京:机械工业出版社,2012

[2]毛正标,网络项目实践与设备管理教程[M],上海:上海交通大学出版社

[3]西门子工业网络交换和路由技术认证培训资料

[4]王相林,组网技术与配置[M],北京:清华大学出版社

[5]姜建芳,西门子工业通信工程应用技术[M],北京:机械工业出版社

附录

课后习题答案

第一章

1.测量、比较、计算、矫正

2.实时性、确定性、可靠性、可用性

3.分散化、网络化、智能化

4.(1)应用广泛。以太网是目前应用最为广泛的计算机网络技术,受到广泛的技术支持,几乎所有的编程语言都支持,如 Java、Visual c++、Visual Basic 等。由于这些编程语言广泛使用,并受到软件开发商的高度重视,具有很好的发展前景。这为选择太网作为现场总线提供良好的基础。

(2)成本低廉。由于以太网的应用广泛,受到硬件开发、生产厂商的高度重视与广泛支持,可供用户选择的硬件种类繁多,硬件价格也相对低廉。目前以太网网卡的价格也只是 PROFIBUS、FF 等现场总线的十分之一,而且随着集成电路技术的发展,其价格还会进一步降低。

(3)通信速率高。目前以太网的通信速率有 lO Mbit/s、100 Mbit/s,1000 Mbit/s 三种,速率为 10 Gbit/s 以太网也正在研究,其速率比目前的现场总线快得多。以太网可以满足对带宽有更高要求的需要。

(4)控制算法简单。优先权控制是比较复杂的算法,而以太网没有优先权控制,这也就意味着访问控制算法可以很简单。它不需要管理网络上当前的优先权访问级(而令牌环和令牌总线系统都存在这个问题)。

(5)软硬件资源丰富。由于以太网已应用多年,人们对以太网的设计、应用等方面有很多的经验,对其技术也十分熟悉。大量的软件资源和设计经验可以显著降低系统的开发和培训费用,从而可以显著降低系统的整体成本,并大大加快系统的开发和推广速度。

（6）不需要中央控制站。传统的令牌环网采用"动态监控"的技术，需要有一个中央控制站负责管理网络的各种事务，如果没有动态监测是无法运行的。但以太网是不需要中央控制站，它也不需要动态监测。

（7）可持续发展潜力大。由于以太网的广泛应用，使它的发展一直受到广泛的重视和大量的技术投入。并且，在这信息瞬息万变的时代，企业的生存与发展将很大程度上依赖于一个快速而有效的通信管理网络，信息技术与通信技术的发展将更加迅速，也更加成熟，由此为以太网技术的持续发展提供了平台。

（8）易于与 Internet 连接。以太网可以实现办公自动化网络与工业控制网络的信息无缝集成，避免其发展游离于计算机网络技术的发展主流之外，从而使工业控制网络与信息网络技术互相融合、相互促进、协同发展，同时在技术升级方面无须单独的研究投入。

5.（1）通信实时性

（2）环境适应性和安全性

（3）工业控制网络的高可靠性

第二章

1.单工、半双工、全双工

2.功耗、105℃环境温度

3.TCP(UDP)/IP 协议栈

4.1)工业以太网技术应用范围广泛。

2)工业以太网技术应用经济性较好。

3)工业以太网技术通信速率较高。

4)工业以太网技术共享能力较好。

5)工业以太网技术发展空间较大。

5.1)通过改变帧结构、优化调度等方法来修改数据链路层之上的协议，以保证实时性。典型的协议如 Ethernet Powerlink、Profinet 和 EPA。这种方案的响应时间为 1—10 ms，一般称为硬实时工业以太网，适合过程控制领域。

2)修改数据链路层协议，在实时通道内由实时 MAC 接管通信控制，避免报文冲突，简化数据处理，典型的协议如 EtherCAT、SERCOS Ⅲ、MECHATROLINK Ⅲ 等。这种方案带有精确的时钟同步，响应时间为 250 μs 到 1 ms，抖动小于 1 μs，一般称为同步硬实时工业以太网，主要用于运动控制领域。

第三章

1.略

2.略

3.略

第四章

1.web、网络管理软件

2.双绞线、光纤、同轴电缆

3.简单阐述工业通信过程中采用环形冗余网络结构的目的。

网络冗余是工业网络的一项保障策略。作为快速反应备份系统,网络冗余的目的是减轻意外中断的风险,通过即时响应保证生产连续,从而降低关键数据流上任意一点失效所带来的影响。工业网络对可用性要求较高,环网冗余是提高网络可用性的重要手段。

4.简单阐述在实施环间冗余网络结构时需要的注意事项。

在环网冗余针对所有交换机配置未完成之前不允许将网络拓扑结构连接成环网。

5.简单阐述 VLAN 的优势。

以太网是一种基于 CSMA/CD(Carrier Sense Multiple Access/Collision Detect,载波侦听多路访问/冲突检测)的共享通信介质的数据网络通信技术,当主机数目较多时会导致冲突严重、广播泛滥、性能显著下降甚至使网络不可用等问题。通过交换机实现 LAN 互联虽然可以解决冲突严重的问题,但是仍然不能隔离广播报文。在这种情况下出现了虚拟局域网(Virtual Local Area Network,VLAN)技术。

VALN 是把一个物理网络划分成为多个逻辑工作组的逻辑网段。VLAN 不是一个物理网络,但存在于物理网络上。这种技术可以把一个 LAN 划分成多个逻辑的LAN——VLAN,每个 VLAN 是一个广播域,VLAN 内的设备间通信就和在一个 LAN 内一样,广播报文被限制在一个 VLAN 内。而属于不同 VLAN 的设备之间不能直接相互访问,它们之间的通信依赖于路由。VLAN 的特殊优点就是为节点和其他 VLAN 网段降低网络负荷。

6.依据书中的案例,进行修改设置端口的"出站"ACL 规则并进行测试。

答案略

第五章

1.数据链路层、网络层

2.静态路由、动态路由、静态路由

3.Initialize、Master、Backup

4.简单阐述路由器与工业以太交换机的主要区别。

1)工作层次不同

最初的交换机是工作在 OSI 开放体系结构的第二层——数据链路层,而路由器工作在 OSI 模型的第三层——网络层。由于交换机工作在 OSI 的第二层,所以它的工作原理比较简单,而路由器工作在 OSI 的第三层,可以得到更多的协议信息,可以做出更加智能的转发决策。

2)数据转发所依据的对象不同

交换机是利用物理地址或者说 MAC 地址来确定转发数据的目的地址,而路由器则是利用不同网络的 ID 号(IP 地址)来确定数据转发的地址。IP 地址是在软件中实现的,描述的是设备所在的网络,有时这些第三层的地址也称为协议地址或者网络地址,IP 地址一般由网络管理员或系统自动分配。MAC 地址通常是硬件自带的,由网卡生产商来分配,而且已经固化到了网卡中去,一般来说是不可更改的。

3)传统的交换机只能分割冲突域,不能分割广播域;而路由器可以分割广播域

由交换机连接的网段仍属于同一个广播域,广播数据包在交换机连接的所有网段上

传播,因此在某些情况下会导致信息传输的拥挤和安全漏洞。而连接到路由器上的网段会被分配成不同的广播域,广播数据不会穿过路由器。虽然第三层以上交换机具有VLAN功能,也可以分割广播域,但是各子广播域之间是不能通信交流的,它们之间的交流仍然需要路由器。

4)路由器提供了防火墙的服务

路由器仅仅转发特定地址的数据包,不传送不支持路由协议的数据包和未知目标网络的数据包,从而可以有效地防止广播风暴。

5.简单阐述动态路由的特点。

1)无须管理员手工维护,减轻了管理员的工作负担;

2)占用了网络带宽;

3)在路由器上运行路由协议,使路由器可以自动根据网络拓扑结构的变化调整路由条目;

4)适合网络规模大、拓扑复杂的网络。

6.试着比较动态路由与静态路由的异同,以分析其适用的场合。(略)

第六章

1.直接序列扩频、频率跳变、时间跳变、线性调频

2.无线局域网的组网的常用设备有哪些。

一般需要无线网卡、无线 AP 以及无线天线等硬件设备。

1)无线网卡。无线网卡的作用和以太网中的网卡的作用基本相同,它作为无线局域网的接口,能够实现无线局域网各客户机间的连接与通信。

2)无线 AP。AP 是 Access Point 的简称,无线 AP 就是无线局域网的接入点、无线网关,它的作用类似于有线网络中的集线器。

3)无线天线。当无线网络中各网络设备相距较远时,随着信号的减弱,传输速率会明显下降以致无法实现无线网络的正常通信,此时就要借助于无线天线对所接收或发送的信号进行增强。

3.简单阐述无线局域网的实现需要满足的技术要求有哪些。

1)可靠性:无线局域网的系统分组丢失率应该低于 10^{-5},误码率应该低于 10^{-8}。

2)兼容性:对于室内使用的无线局域网,应尽可能使其跟现有的有线局域网在网络操作系统和网络软件上相互兼容。

3)数据速率:为了满足局域网业务量的需要,无线局域网的数据传输速率应该在54 Mbit/s 以上。

4)通信保密:由于数据通过无线介质在空中传播,无线局域网必须在不同层次采取有效的措施以提高通信保密和数据安全性能。

5)移动性:支持全移动网络或半移动网络。

6)节能管理:当无数据收发时使站点机处于休眠状态,当有数据收发时再激活,从而达到节省电力消耗的目的。

7)小型化、低价格:这是无线局域网得以普及的关键。

8)电磁环境:无线局域网应考虑电磁对人体和周边环境的影响问题。

4.与有线网络相比,简单阐述无线网络的优势。

与有线网络相比,无线网络具备以下一些优势:

1)安装便捷

在网络组建过程中,对周边环境影响最大的就是网络布线。而无线网络的组建则基本无须考虑对环境带来的影响,一般只要在所需求的区域里安放一个或多个无线接入点(Access Point,AP)即可建立无线网络的有效覆盖。

2)使用灵活

在有线网络中,网络设备的安放位置要受到网络信息点位置的限制。而无线网络一旦建立,在信号覆盖区域内任何位置均可方便地接入网络,实现数据通信。

3)经济节约

由于有线网络灵活性不足,设计者往往要尽可能地考虑未来扩展的需要,预设大量利用率较低的接入点,可能造成资源的浪费。而且一旦网络发展超出预期规划,其整体改造成本也很大。而无线网络,在搭建、改造和维护等方便均较为便捷、经济。

4)易于扩展

同有线网络一样,无线网络具备多种配置方式,能根据实际需要灵活选择,合理搭配,并能提供有线网络无法提供的功能,例如,漫游。

6.操作略

第七章

1.静态转换、动态转换、端口多路复用

2.简单阐述 VPN 的优点。

VPN 能够让移动员工、远程员工、商务合作伙伴和其他人利用本地可用的高速宽带网连接(如 DSL、有线电视或者 WiFi 网络)连接到企业网络。此外,高速宽带网连接提供一种成本效率高的连接远程办公室的方法。

设计良好的宽带 VPN 是模块化的和可升级的。VPN 能够让应用者使用一种很容易设置的互联网基础设施,让新的用户迅速和轻松地添加到这个网络。这种能力意味着企业不用增加额外的基础设施就可以提供大量的容量和应用。

VPN 能提供高水平的安全,使用高级的加密和身份识别协议保护数据避免受到窥探,阻止数据窃贼和其他非授权用户接触这种数据。

完全控制,虚拟专用网使用者可以利用 ISP 的设施和服务,同时又完全掌握着自己网络的控制权。用户只利用 ISP 提供的网络资源,对于其他的安全设置、网络管理变化可由自己管理。在企业内部也可以自己建立虚拟专用网。

3.试着总结为了有效地进行防范和控制,目前可以使用措施有哪些。

1)防火墙技术

网络防火墙技术是一种用来加强网络之间访问控制,防止外部网络用户以非法手段进入内部网络访问网络资源,以保证内部网络操作环境的特殊网络互联技术。防火墙是目前保护内部网络和服务器免遭黑客袭击的有效手段之一。

2)加强主机安全

对于主机,要加强主机认证、权限和访问控制,加强口令管理和删除一些危险地服务。由于操作系统和各类软件自身设计上的漏洞往往成为网络系统的安全隐患,因此需要不定期升级系统,安装软件补丁。

3)加密和认证技术

加密技术是最基本的安全技术,主要功能是提供机密性服务。认证主要包括身份认证和消息认证,允许用户在权限范围访问其可以访问的数据信息。

4)入侵检测系统

入侵检测是用来检测计算机网路上的异常活动,确定这些活动是否为敌意的和未经批准的,并作出适当的反应。

5)虚拟专用网

虚拟专用网利用公共网络替代传统专线而在企业中进行网络互联,在减轻企业费用的同时还具有数据安全、管理方便的特点。

6)防病毒软件

多数计算机病毒借助于网络进行传播,速度快、范围广、危害大,因此,为预防病毒和及时发现病毒,应安全防病毒软件。

4.简单阐述防火墙的主要功能。

1)过滤不安全服务和非法用户,禁止未授权的用户访问受保护网络。

2)控制对特殊站点的访问,防火墙可以允许受保护网的一部分主机被外部网访问,而另一部分被保护起来,防止不必要访问。如受保护网中的 Man、FTP、www 服务器等可允许被外部网访问,而其他网络的访问则被主机禁止。有的防火墙同时充当对外服务器,而禁止对所有受保护网内主机的访问。

3)提供监视 Internet 安全和预警的端点。防火墙可以记录下所有通过它的访问,并提供网络使用情况的统计数据。

4)防止内部网络信息的外泄。利用防火墙对内部网络的划分,可实现内部网重点网段的隔离,从而限制重点或敏感网络安全问题对整个内部网络造成的影响。

5)地址转换。NAT(Network Address Translation)的功能是指负责将其私有的 IP 地址转换为合法的 IP 地址(经过申请的 IP 地址)进行通信。在一个网络内部,根据需要可以随意设置私有 IP 地址,而当内部的计算机要与外部 Internet 网络进行通信时,具有 NAT 功能的设备可以实现地址转换的功能,管理员可以决定哪些 IP 地址需要映射成能够接入 Internet 的有效地址,哪些地址被屏蔽掉,不能接入 Internet。

5.简单阐述 NAT 的基本工作原理。

当私有网主机和公共网主机通信的 IP 包经过 NAT 网关时,将 IP 包中的源 IP 或目的 IP 在私有 IP 和 NAT 的公共 IP 之间进行转换。NAT 网关有 2 个网络端口,其中公共网络端口的 IP 地址是统一分配的公共 IP,为 202.204.65.2;私有网络端口的 IP 地址是保留地址,为 192.168.1.1。私有网中的主机 192.168.1.2 向公共网中的主机 166.111.80.200 发送了 1 个 IP 包(Des=166.111.80.200,Src=192.168.1.2)。当 IP 包经过 NAT 网关时,NAT 会将 IP 包的源 IP 转换为 NAT 的公共 IP 并转发到公共网,此时 IP 包(Des=166.111.80.200,Src=202.204.65.2)中已经不含任何私有网 IP 的信息。由于 IP 包的源 IP 已经被转换成 NAT 的公共 IP,响应的 IP 包(Des=202.204.65.2,Src=166.111.80.200)将被发送到 NAT。这时,NAT 会将 IP 包的目的 IP 转换成私有网中主机的 IP,然后将 IP 包(Des=192.168.1.2,Src=166.111.80.200)转发到私有网。对于通信双方而言,这种地址的转换过程是完全透明的。